COMENTARIOS

"Un aporte excelente al estudio de la alfarería arqueológica y etnográfica. Isabelle Druc y Lisenia Chavez han podido sintetizar experiencia y rigurosidad analítica en una obra de consulta obligatoria y de estímulo para todos los interesados en indagar comportamiento humano a partir de las pastas cerámicas."

—María Beatriz Cremonte
CONICET-Universidad Nacional de Jujuy-Argentina

"Los análisis estilísticos de cerámica son muy importantes para los arqueólogos para poder entender un sitio. Sin embargo todavía nos falta información que nos ayude a aclarar las características de las cerámicas desde el punto de vista de las materias primas y la tecnología utilizada por los alfareros, las cuales no son fáciles de percibir sin estudios detallados. El libro de Druc y Chavez es una contribución muy grande para los arqueólogos, porque nos lleva a compartir la metodología y la terminología para el análisis de las pastas cerámicas, mostrandonos nuevas posibilidades de estudio de las cerámicas."

—Kinya Inokuchi
Universidad de Saitama, Japón

"Manual indispensable para todo arqueólogo interesado en brindar sustento sólido y objetivo a la discusión de la organización del sistema de producción y distribución de cerámica mediante el estudio de la cadena operativa. Contribución importante en pos de uniformizar métodos de clasificación de material cerámico y la selección de muestras para análisis arqueométricos avanzados. Aportará sin duda a la mayor solidez de la discusión sobre las identidades de productores y usuarios, estas mismas que se expresan en las decisiones tecnológicas y estilísticas que fueron tomadas por el alfarero".

—Krzysztof Makowski
Pontificia Universidad Católica del Perú

Member of Independent Book Publishers Association (IBPA)

ISBN 978-1-939755-04-9 (Paperback)

Library of Congress Cataloging-in-Publication Data

Keywords: 1. Archaeology. 2. Ceramic analysis. 3. Applied Science Handbook. 4. Ceramic production. 5. Laboratory manual. 6. Druc, Isabelle C.

Palabras clave: 1. Arqueología, 2. análisis de cerámica, 3. geología, 4. producción cerámica, 5. manual de laboratorio. 6. metodología.

Target audience: students, professors and researchers in archaeology, ethnography, ceramic, geology and ceramic analysis.

Público objetivo: estudiantes, profesores e investigadores en arqueología, etnografía, geología, cerámica y análisis de cerámica.

Version 2

Portada: In memoriam, Alfarero Manuel Hernández Suarez (?-2012), Cerro Blanco, San Pablo, Cajamarca, Perú. Fondo: pasta de olla de Calpoc, Perú, hecha con una arcilla gruesa y sin temperante. 150x

Contraportada: Ollas listas para vender, producción de la familia Ocas Heras y Felicita Aquino Minchan, Mollepampa, Cajamarca, Perú. Fondo: pasta de olla atemperada con yeso, 150x. Sorkun, Turquía.

PASTAS CERÁMICAS EN LUPA DIGITAL: COMPONENTES, TEXTURA Y TECNOLOGÍA

Isabelle Druc y Lisenia Chavez

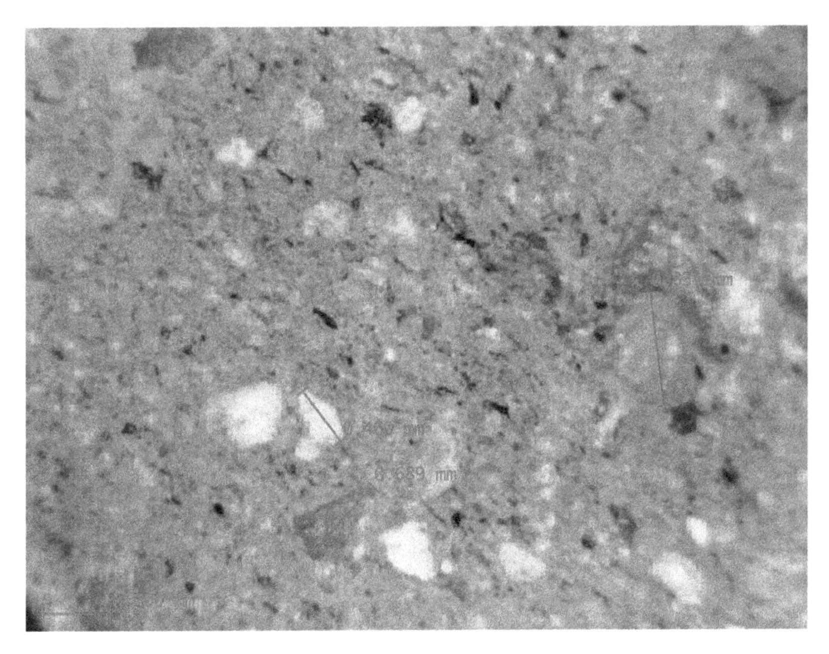

Deep University Press

Blue Mounds, Wisconsin

AGRADECIMIENTOS

Queremos agradecer a los arqueólogos, alfareros e instituciones que nos dieron el permiso de analizar y fotografiar las cerámicas y las pastas ilustradas en este manual. En particular, agradecemos a Yoshio Onuki, Profesor emérito de la Universidad de Tokyo, y Kinya Inokuchi, Universidad de Saitama y director del Proyecto Arqueológico Kuntur Wasi 2012-2013, Jim Stoltman y Sissel Schroeder de la Universidad de Wisconsin-Madison, Richard Burger, Frank Hole e Yukiko Tonoike de la Universidad de Yale, Carlos Elera Arévalo, director del Museo Nacional Sicán, José Pinilla Blenke y Wilder León. Nuestros agradecimientos también van a Beatriz Cremonte por sus comentarios constructivos, ceramista Andrée Valley por su conocimiento en atmósferas de quema, y Antonio Benîtes Noguera y Aura Schultz por sus sugerencias de corrección del texto. Las fotomicrografías de pastas de cerámicas arqueológicas provienen de estudios petrográficos hechos bajo permisos debidamente otorgados por el Instituto Nacional de Cultura de Perú.

Nota

Todas las fotografías presentadas en este manual fueron tomadas por I. Druc, con un microscopio digital Dino-Lite en el caso de las fotografías de pastas frescas.

Utilizamos el término de lupa digital para referirnos a un microscopio digital, portátil, sin ocular, conectado a una computadora para ver el objeto observado y capturar fotografías y videos. Es la versión moderna y digital del microscopio óptico de bajo aumento y de la lupa de laboratorio.

ÍNDICE

1. INTRODUCCIÓN

I. Druc

Hasta hace poco, la descripción de pastas cerámicas arqueológicas para fines de tipología cerámica, aunque basada en el examen visual de centenas de fragmentos, era muy limitada. Muchas veces una pasta era definida como gruesa, fina, arenosa, negra, roja, u otros atributos muy generales, identificando los puntitos blancos como cuarzos y los brillantes como micas. Hace ya varias décadas que Anna Shepard (1964: 516) y Frederick Matson (1970 [1963]) aconsejaron utilizar una lupa binocular para examinar las cerámicas, pero, a pesar de su uso en unos laboratorios, esta práctica no se generalizó entre los arqueólogos. La accesibilidad de los nuevos microscopios digitales de mano, muy ligeros, fácil de llevar en el campo, con conexión USB, cámara incorporada y programa de tratamiento de imágenes está a punto de cambiar drásticamente el estudio preliminar de las cerámicas arqueológicas. Tal estudio permite establecer una tipología, agrupar pastas de mineralogía y textura similares, y elegir muestras para un análisis petrográfico o químico detallado. Notar que un estudio con lupa, aunque digital y con buena magnificación, no reemplaza el conocimiento y las informaciones que el examen petrográfico de una lámina delgada otorga. Sin embargo permite una buena aproximación de los diferentes grupos de pastas en una colección, de las técnicas de manufactura y de las materias primas posiblemente utilizadas por el alfarero[1]. Elegir sólo los fragmentos más representativos para análisis posterior también reduce el costo de los análisis mineralógicos y químicos.

Este manual se elaboró con la intención de facilitar el trabajo de arqueólogos al inicio de un estudio ceramológico. La terminología, metodología y las descripciones de los minerales y líticos presentes en la pasta se basan en la práctica común en geología y en análisis de cerámica arqueológica. Aunque ningún conocimiento previo en geología sea necesario para agrupar cerámicas en función de las similitudes observadas (forma, tamaño, textura, composición mineral), seguir un curso de geología (o leer) sobre identificación de minerales ayuda muchísimo. El ojo reconoce mejor patrones cuando sabe lo que está buscando. También es muy útil conocer la geología local y regional de la zona de trabajo.

[1] El término alfarero debe entenderse en un sentido general, sin presupuesto de género, incluyendo hombres y mujeres involucrados en la producción de cerámica.

Construido como un atlas mineralógico, este manual presenta imágenes de pastas bajo distintos aumentos, tomadas con una lupa digital de mano (figura 1). Las descripciones llevan informaciones que ayudan a reconocer un mineral de otro o ciertas técnicas de elaboración de la vasija. Se introduce nociones de granulometría, textura y tecnología cerámica, que se vinculan en parte con la producción alfarera. Una cerámica resulta de procesos de selección de las materias primas por el alfarero, y de preparación, mezcla, manufactura y quema que alteran el estado original de los materiales utilizados. Los estudios de pasta deben tenerlo en cuenta. Los minerales y las rocas ilustradas en este manual presentan inclusiones que se encuentran comúnmente en muchas pastas cerámicas. Sin embargo, estos casos dan testimonio de sólo una parte de la variabilidad composicional observada en las cerámicas arqueológicas. Esta variabilidad depende de la geología existente en las cercanías de los lugares de producción y de las prácticas de los alfareros en cuanto a las materias primas utilizadas y al modo de preparación de la pasta. La mayoría de los ejemplos seleccionados derivan de los trabajos del primer autor, lo que introduce un *bies* en el tipo de minerales y líticos presentados. Esta cartilla debe entenderse como un primer manual de identificación de los componentes de las pastas cerámicas bajo una lupa digital de mano.

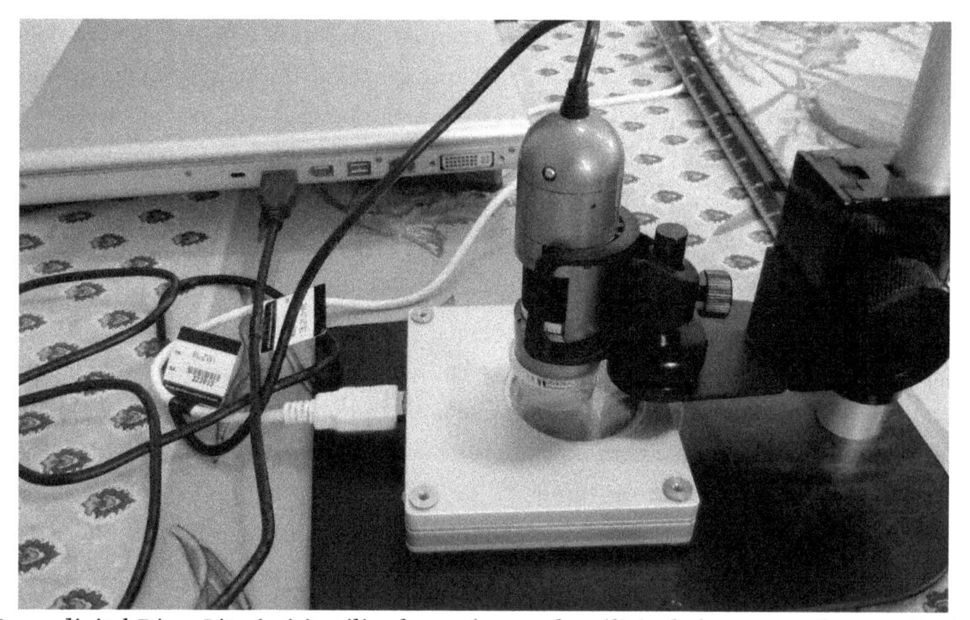

1 Lupa digital Dino-Lite (gris) utilizada aquí para el análisis de las pastas frescas. Está conectada a la computadora por una conexión USB. La platina blanca debajo de la lupa permite realizar un análisis petrográfico básico con polarizadores y luz transmitida.

2. METODOLOGÍA Y TERMINOLOGÍA

I. Druc

2.1 Metodología

Preparación de la superficie a examinar

Un ejemplo de protocolo de análisis de pastas frescas se encuentra en el Capítulo 5. Sin embargo, conviene detallar aquí algunos puntos de importancia. El trabajo de análisis con el microscopio digital o una lupa de laboratorio es siempre mejor hecho en pasta fresca, o sea sobre una superficie sin contaminación o depósito. Para esto se desprende un pequeño trozo de la cerámica. Revela el color verdadero de la pasta y permite el examen de las inclusiones y características del fondo de pasta.

2.1 Ejemplo de pasta fresca (parte superior del fragmento) y depósito sobre la superficie (película blanca, parte inferior). Cuenco SG4, Kuntur Wasi, Perú. 70x.

Sin embargo, romper un pedazo de la pieza no da una superficie bien plana, lo que introduce un factor de profundidad de campo difícil de negociar para sacar buenas fotografías para publicación. El problema es menos serio para las pastas finas. Se puede utilizar una sierra fina, como para cortar un fragmento para láminas delgadas, pero el proceso puede ser peligroso, tanto para el operador como para el fragmento que puede volar en pedazos. Se ven bien las inclusiones, pero las rayas dejadas por la sierra alteran la textura de la superficie. Limpiar el fragmento con cepillo muchas veces no es suficiente para sacar las concreciones que mascan la superficie. De igual modo, raspar el fragmento para tratar de aplanarlo malogra la textura y no ayuda en sacar la contaminación o el depósito superficial.

Siendo el objetivo obtener informaciones de composición, producción e identificación de grupos de pastas, las fotografías sirven como archivos para ilustrar un grupo, la variación presente en la muestra o detalles importantes. El análisis suele ser hecho estudiando el fragmento con la ayuda de la lupa digital y no solamente en base a una imagen tomada de un fragmento. En ciertos casos, sin embargo, las limitaciones de tiempo, restricciones de trabajo o los objetivos del proyecto, imponen otras modalidades. Aumentar el registro fotográfico, tomando fotografías a diferentes aumentos para estudios posteriores suele ser una alternativa viable. Las fotografías permiten luego hacer un análisis granulométrico o modal con un programa de análisis de imágenes (ver ejemplo en el Capitulo 5). También, según el carácter de la cerámica, si es de pasta fina o gruesa, con distribución regular de las inclusiones o no, se necesita examinar un área más extensa.

Análisis

La metodología vigente para petrografía cerámica puede aplicarse al análisis de pastas frescas, adaptándola al corpus y a los objetivos del estudio. Las siguientes características pueden ser examinadas hasta cierto punto: composición mineral, granulometría, angulosidad de los granos, distribución y proporción de las inclusiones, color de pasta, textura de fondo de pasta, y tamaño, forma y cantidad de los poros. Se agrupan las pastas que presentan características similares. Es el conjunto de varios elementos (composición, textura, granulometría, porcentajes) que define una pasta o un grupo de cerámicas. Una vez definido el perfil composicional de un grupo, las atribuciones son más fáciles. Con experiencia y conocimiento de su corpus de análisis, uno puede clasificar más rápidamente las cerámicas.

Notar que, a veces, es la presencia de algunos minerales muy finos, poco frecuentes o combinados con otros que distingue una pasta de otra y que sólo se verán con otro tipo de microscopio. Aunque no se pueda identificar todo con la lupa, es importante registrar las particularidades que llaman la atención, describiéndolas en detalle (color, forma, tamaño, frecuencia) sin necesariamente darles un nombre. Asimismo con minerales muy frecuentes, como los cuarzos y los feldespatos. Sirve anotar que aspectos tienen, si presentan inclusiones finas de otros minerales, si son redondeados o de forma angular, si hay una mezcla de características (angular y subredondo, feldespatos alterados y frescos) porque esto informa sobre el origen de los materiales y facilita los estudios posteriores.

Otro punto que se debe considerar cuando se procede al agrupamiento de pastas es la posible - y muy probable - variabilidad interna dentro de cada grupo. Esta variabilidad, como para análisis químicos (ver el postulado de Weigand *et al.* 1977: 24), debe ser menor que la variabilidad entre grupos distintos. Los criterios que definen un grupo, su perfil composicional, depende de cada situación y objetivos. La variabilidad interna de un grupo puede interpretarse de varias maneras, según la importancia de los factores humanos y geológicos. Una comunidad alfarera puede aprovisionarse a las mismas fuentes pero tener procesos de preparación que cambian ligeramente de una persona a otra. También, las fuentes pueden presentar variabilidad de composiciones minerales y químicas internas tanto al nivel vertical que horizontal. Según a que altura del sedimento uno se aprovisiona o donde en la capa se saca el material, la granulometría o la abundancia de ciertos minerales puede cambiar (ver Arnold 1985, 1994; Rye 1981; Shepard 1968; Velde y Druc 1999). Menor variabilidad en un grupo puede indicar un cierto grado de estandardización de la preparación o receta, mayor variabilidad sugiere la presencia de más productores independientes.

Estas cuestiones de variabilidad y de interpretación de los datos nos lleva a subrayar un aspecto importante de los análisis en general, y del análisis de cerámicas arqueológicas en particular. Las diferentes etapas de un análisis llevan procesos de selección de parte del analista que no son, o que no pueden ser, totalmente objetivos y que se conyugan para dar una representación de la realidad. Estos procesos de selección afectan tanto la selección del corpus de análisis como el modo de analizarlo y los atributos que son identificados como dignos de interés y que luego vamos a cuantificar (o no), y finalmente las interpretaciones que hacemos del corpus analizado. Esto no disminuye el valor de un análisis, pero reduce de un cierto modo su potencial interpretativo. Cuando más se conocen las prácticas de los alfareros, el producto cerámico, los factores que afectan la producción, el comportamiento de las materias bajo ciertas condiciones, mejor se puede analizar e interpretar un corpus.

El análisis de pastas en lupa digital es en gran parte de carácter cualitativo, a pesar del aspecto cuantitativo del análisis granulométrico (medición de la dimensión de los granos o inclusiones) y de la evaluación del porcentaje de los componentes en la pasta. Sin embargo, se puede lograr resultados muy fiables cuando se aplica rigor y consistencia en los análisis. Los geólogos desarrollan la facultad de estimar a la vista el porcentaje de tal o tal mineral en una roca. Es muy útil y puede ser utilizado para estimar el porcentaje de inclusiones en la pasta, cristales sueltos comparativamente a fragmentos líticos, minerales félsicos versus máficos (ver definiciones abajo), etc. Se puede contra verificar para estimar su grado de coherencia y ahorra tiempo en los análisis.

El estudio de la textura de una pasta incluye mirar la distribución granulométrica de las inclusiones, su angulosidad, proporción y repartición en la pasta, y el tamaño, forma y abundancia de los poros. La escala granulométrica de Udden-Wentworth desarrollada para estudios en sedimentología (ver Folk 1965: 25) es muy utilizada en análisis cerámico en los Estados Unidos. Es una escala logarítmica con límites de clases expresados por la escala phi ϕ o en milímetros y micras. Otra escala en uso para medir partículas es la escala internacional ISO (ver Rice 1987: 38). Difieren en los límites superiores de las clases de las arcillas (2 μm versus 3.9 μm) y arena mediana (0.63 mm versus 0.5 mm) (ver cuadro 1). En este manual seguimos la escala internacional.

Cuadro 1: Escalas granulométricas ISO y Phi (ϕ) con equivalencia en mm/μm (micra)

	ISO	Udden-Wentworth	ϕ
Arena muy gruesa	1-2 mm	1-2 mm	0-(-1)
Arena gruesa	0.63-1 mm	0.5-1 mm	1-0
Arena mediana	0.2-0.63 mm	0.25-0.5 mm	2-1
Arena fina	0.125-0.2 mm	0.125-0.25 mm 125-250 μm	3-2
Arena muy fina	0.063-0.125 mm	0.0625-0.125 mm 62.5-125 μm	4-3
Limo	2-63 μm	3.9-62.5 μm	8-4
Arcilla	< 2 μm	< 3.9 μm	14-8

Escalas de angulosidad (o esfericidad) y abundancia de granos fueron adaptadas al análisis de las cerámicas arqueológicas para facilitar su clasificación (ver Strienstra 1986; Rice 1987: 348, 380, 38; Velde y Druc 1999: 190-201). Presentamos en la figura 2.2 una escala simple de angulosidad de los granos a la cual se puede referir en este manual.

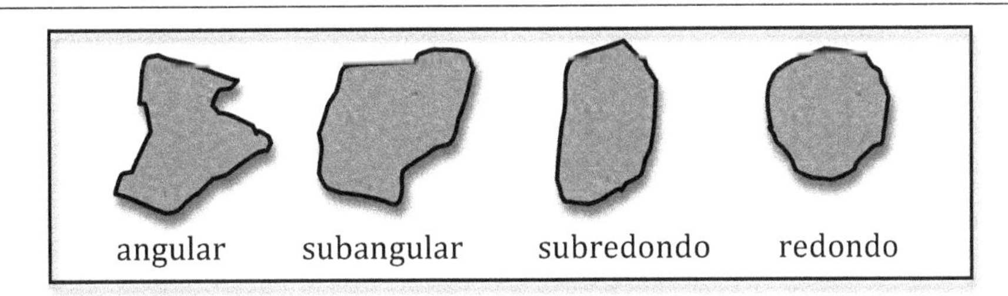

2.2 Escala de angulosidad de granos adaptada de Müller 1964 en Strienstra 1986: figura 5.

2.2 Problemas de identificación

Las imágenes presentadas en este manual fueron tomadas con las dificultades habituales que el analista puede encontrar. A veces, no es posible o permitido obtener un corte fresco de una pieza por su valor arqueológico o museógrafo. Si no se puede "arañar" nada del fragmento o de la pieza, las observaciones útiles serán mínimas, pero el conocimiento del corpus puede paliar algo del problema y ayudar en la identificación de ciertos componentes de la pasta.

Siendo un cristal o un fragmento de roca un objeto tridimensional, lo que se ve bajo el microscopio puede ser una parte del cristal, o el cristal puede estar cubierto por concreciones o arcilla. Desde luego raramente se mide la dimensión exacta de un grano. Sin embargo, normalmente, se puede reconocer a que clase granulométrica pertenece y clasificar el grano como fino, mediano o grueso. El porcentaje de inclusiones por clase granulométrica permite definir la pasta como fina, mediana o gruesa por ejemplo, hacer comparaciones objetivas entre grupos de pasta, reconocer la presencia de varios componentes o materias primas utilizadas y apreciar el trabajo del alfarero. Existen varias opciones para medir un grano: la medida máxima o mediana, en ancho, en largo, en diámetro, en área, etc. Ciertos minerales tienen formas específicas, tabulares, hexagonales o prismáticas que también pueden dictar cómo medir o estimar la dimensión de una inclusión. Cada analista elige lo que le conviene, lo importante es que sea consistente en su trabajo.

Otro problema frecuente es la determinación del color de la pasta. Con cierta luz y, más importante, a mayor aumento una pasta puede parecer más oscura que a menor aumento. La realización del registro por una misma persona y la existencia de consistencia en el análisis permite una mejor identificación y comparación de centenas de fragmentos entre si. El color de la pasta varia en relación con la quema y el espesor de la vasija, la porosidad, la granulometría de las inclusiones, la presencia de material orgánico en la pasta, la forma (un recipiente cerrado restringe el acceso de oxigeno al interior), el modo de quemar (vg. boca arriba o abajo) y si uno examina un borde, el cuerpo de una vasija o una base. Matson (1970) y Rye (1981) dan informaciones muy valiosas al respecto que permiten una interpretación de lo observado.

a)

2.2 Diferencia de color de pasta debido a un cambio de aumento y de luz. Las dos fotografías son del mismo fragmento, a) 85x, b) 145x. Cuenco SG34b, Kuntur Wasi, Perú. Si no fuese por el grueso cristal de cuarzo y algunos otros componentes, uno podría pensar que se trata de dos cerámicas distintas.

b)

Finalmente, hay que saber que las lupas digitales utilizan una óptica distinta de los microscopios ópticos y que los aumentos no son equivalentes (40x con un microscopio petrográfico, por ejemplo, no es igual a un 40x con un microscopio digital tal como el Dino-Lite).

2.3 Terminología

En análisis de cerámica, el término de inclusión (mineral, vegetal u otro) o de grano (mineral) refiere a los componentes no plásticos en la pasta en oposición al componente plástico, como la arcilla y los minerales de tamaño de las arcillas que constituyen la matriz o el fondo de pasta (ver Cremonte y Pereyra Domimgorena 2013 para una definición y ejemplos de fondos de pasta en petrografía cerámica). El término de temperante o desgrasante suele ser reservado para denotar una adición voluntaria de un material de parte del artesano o de la alfarera. Llamamos clastos a los fragmentos de minerales y líticos, y por derivación se usa los términos de cristaloclastos y litoclastos.

Los minerales ***félsicos*** son los minerales "claros" como los feldespatos (alcalinos y plagioclasas) y silicatos como el cuarzo. Notar que existen varios tipos de feldespatos, determinados por su composición química. Los feldespatos alcalinos (a-fd) varían entre un polo potásico (k-fd) a sódico (na-fd) siendo los más comunes la ortosa y el microclino, mientras que las plagioclasas tienen composiciones calco-sódicas (por ejemplo la albita, andesina y anortita). Tienen ciertas características cristalinas, formas (o hábitus), clivajes y maclas que permiten su identificación en lámina delgada en petrografía. Esta identificación es más difícil con una lupa binocular o digital de mano. Por lo tanto, es mejor usar términos más generales cuando se estudia un fragmento fresco (no una lamina delgada). Aquí, usamos el término feldespato para referir a los tipos alcalinos (potásicos a sódicos), y plagioclasa a los tipos calco-sódicos. De igual modo, los minerales ***máficos*** refieren a diferentes minerales de composición ferro-magnesiana como las micas (vg. biotita, muscovita), anfíboles (vg. hornblenda) y piroxenos (orto- o clino- como la augita). Presentan cristales que se ven de color más oscuro (verde, marrón, negro) que los minerales félsicos. Ver libros de identificación de minerales para más información, como Chirif Rivera 2010 o Winter 2010. También se aconseja consultar estos libros u otros de geología para buscar la terminología precisa para describir las diferentes formas de los cristales y la textura de las rocas.

En la descripción de las pastas de cerámica, cuando la determinación es difícil, mejor utilizar los términos de félsico y máfico. El porcentaje de estos minerales puede ser tabulado con otros criterios, como el tamaño de los granos y su abundancia para constituir grupos de pastas distintos. También ayuda en la determinación del tipo de roca presente. Rocas intrusivas (o plutónicas) y volcánicas son rocas ígneas, pero se forman bajo condiciones de presión y temperaturas distintas. Básicamente, las rocas intrusivas se forman en la profundidad de la tierra y los cristales tienen tiempo de crecer y desarrollar buenas caras, mientras que las rocas volcánicas son extrusivas y los cristales tienen diferentes tamaños, en muchos casos pueden observarse grandes cristales (fenocristales) en una matriz de cristales muy finos. De modo muy general, el porcentaje de minerales félsicos y máficos determina si son rocas de composición ácida (con más minerales félsicos como granitos, riolitas), intermedia (vg. granodiorita, andesita) o básica (con más minerales máficos, vg. gabro, basalto). Para más detalles, consultar libros de geología y de identificación de las rocas.

3. IDENTIFICACIÓN DE LOS MINERALES Y ROCAS COMUNES EN LAS PASTAS CERÁMICAS

I. Druc y L. Chavez

Ver el Capitulo 2 para la terminología empleada relativo a la descripción de los minerales y líticos. Para más detalles sobre las características de los minerales y la identificación de las rocas se aconseja consultar libros de geología (vg. Castro Dorado 1989, Winter 2010). Los diagramas de clasificación de las rocas en manuales de petrología permiten identificar una roca en función de su composición mineral, textura, génesis y granulometría de los constituyentes. Cabe recordar que una pasta cerámica puede incluir minerales y fragmentos líticos de orígenes geológicos diversos, algo parecido a un sedimento de composición heterogénea. También, la fragmentación y alteración de los granos en una cerámica puede complicar su identificación. Manuales de sedimentología o de petrología de las rocas sedimentarias, como el de Folk 1965, llevan informaciones muy interesantes que pueden ayudar entender la relación entre el aspecto o la morfología de un grano o fragmento de roca y su origen, lo que al final informa sobre las áreas de recursos utilizados por los alfareros.

3.1 Minerales félsicos

Para distinguir entre cuarzos y feldespatos en este tipo de imagen, se mira a las características físicas de los cristales. Un cuarzo tiene un brillo vítreo, graso, translúcido; fracturas concoideas; puede tener diferentes formas hasta amorfas y lo principal es que el cuarzo es un mineral duro que resiste a la meteorización. Generalmente los feldespatos se distinguen de los cuarzos porque tienen clivaje y macla; sus hábitos (formas) son tabulares, con caras hexagonales y fracturas escalonadas en las ortosas. El principal criterio es que se alteran muy fácilmente. Al estar en contacto con el agua sufren una hidrólisis y empiezan a descomponerse y se producen las arcillas. En el grupo de los feldespatos hemos visto que existen dos tipos de feldespatos: los feldespatos alcalinos que varían de un polo potásico (K) con minerales como la ortosa o ortoclasa hasta un polo sódico, y los plagioclasas que varían del polo sódico al polo cálcico con minerales como la albita (Na) y la anortita (Ca). Sin embargo, para distinguir estas diferentes variantes se necesita un análisis petrográfico o químico. Para pastas de cerámica en muestra de mano, mejor sólo distinguir entre feldespatos alcalinos y plagioclasas.

3.1.1 Cuarzos

A continuación, vemos algunos tipos de cuarzos.

3.1 Cuarzos (qz) claros, angulosos a subangulosos de tamaño mediano a muy grueso. Forman parte de un sedimento piroclástico utilizado como temperante para la cerámica tradicional actual de Mangallpa, Perú. MM15T, 150x.

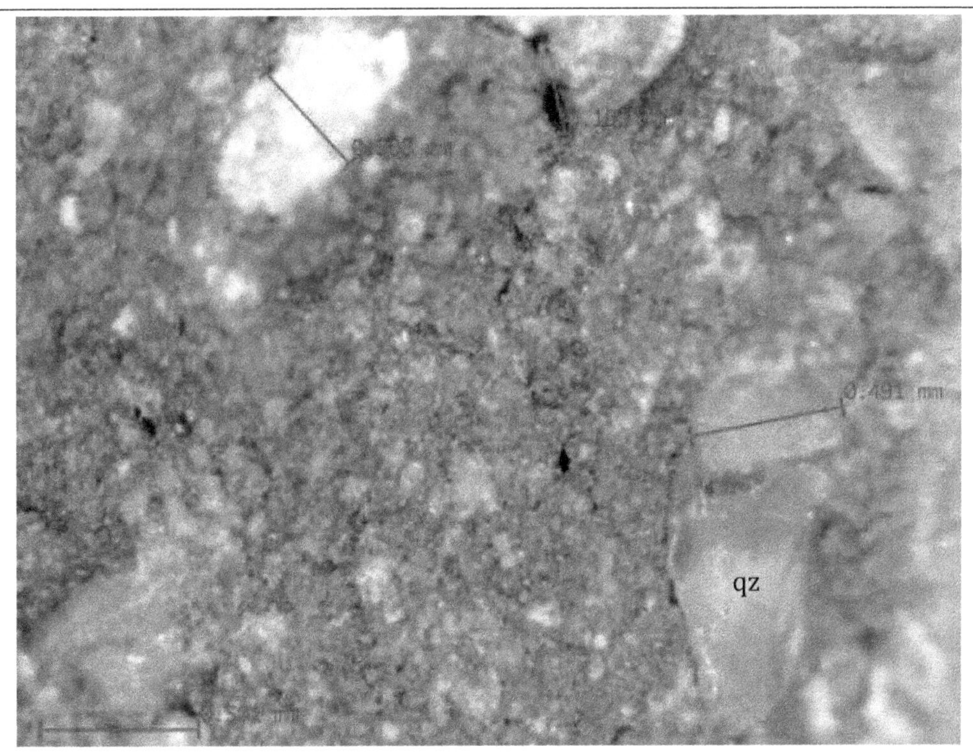

3.2 Cuarzo claro, de bordes angulosos. Distribución bimodal con inclusiones minerales y líticas de composición en su mayoría félsica, de tamaño mediano a grueso en una matriz arcillosa con inclusiones finas a muy finas. Pasta de quema reductora con oxidación superficial. Cuenco grande CP11p, Kuntur Wasi, Perú. 165x (arriba), 80x (abajo).

3.3 Cuarzo policristalino y biotitas. El cristal que mide 2.072 mm se puede clasificar como un cuarzo policristalino muy grueso. Tiene varios cristales de cuarzos agregados sin ordenamiento. No es una arenisca (roca sedimentaria) o una cuarcita (roca metamórfica), cuales presentan un ordenamiento distinto de los cristales. Por ejemplo, en ciertos casos, la cuarcita puede haber sufrido presión o estiramiento, y muestra una deformación de los granos, una elongación o una orientación direccional. No es el caso para este fragmento. También se observan cristales finos de biotita de color negro (círculo azul). Olla, producción tradicional, Mina Clavero, Córdoba, Argentina. 150x.

3.4 Cuarzo engolfado.

Tinaja SG53, Kuntur Wasi,

Perú. 155x (derecha) y

85x (abajo).

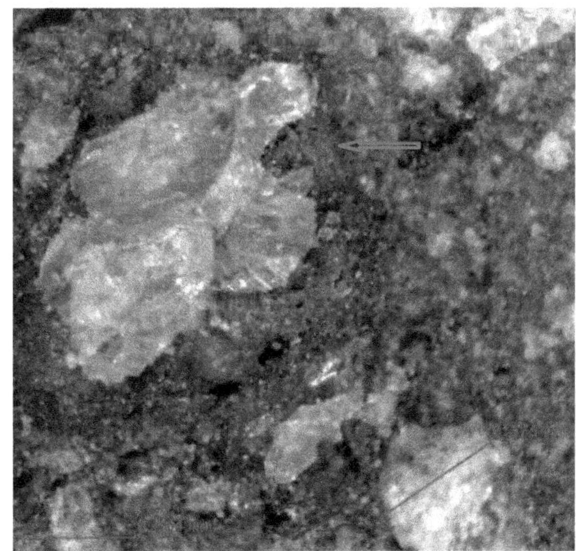

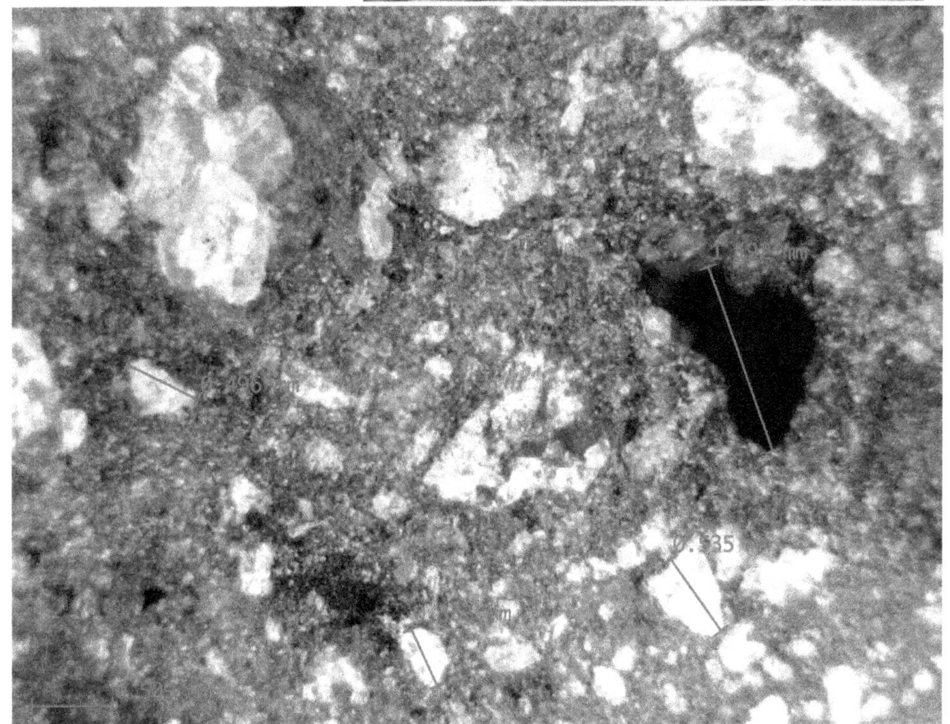

Los cuarzos engolfados (flecha roja) son característicos de las rocas volcánicas ácidas. No tienen todas sus caras bien definidas. Es común encontrarles como cristales individuales en pastas de cerámica hechas con sedimentos derivados de estas rocas y es un buen indicador del origen volcánico de parte del material utilizado por el alfarero.

3.1.2 Feldespatos

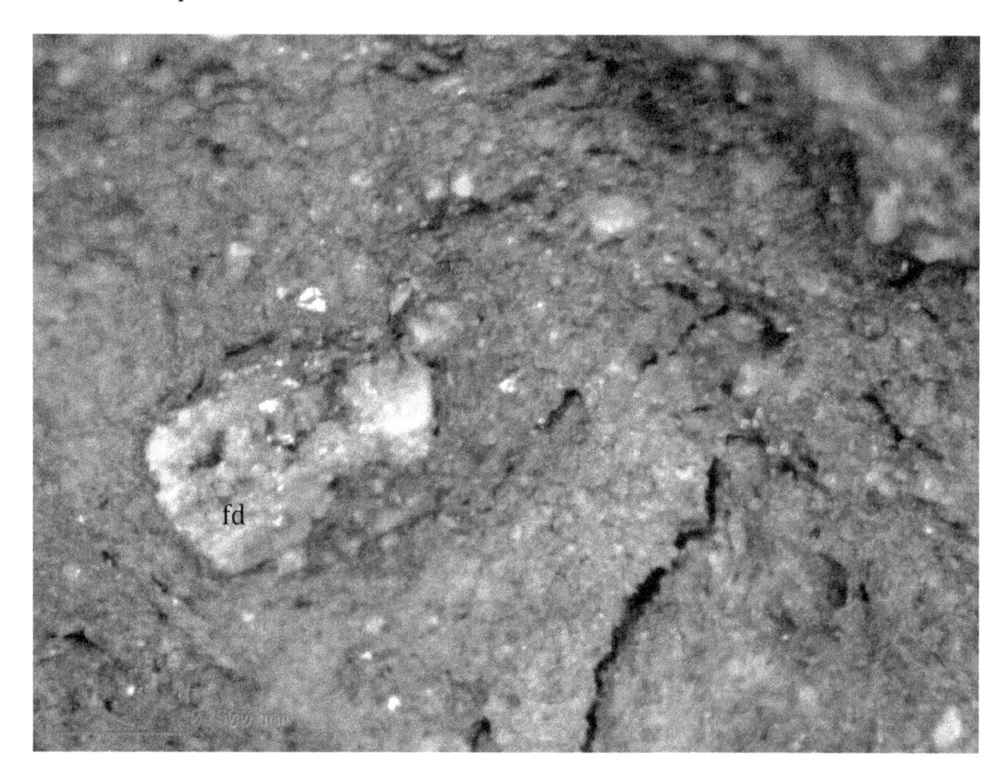

3.5 Grueso cristal de feldespato (fd) tipo ortosa (0.967 mm de largo). Base de botella, KW23, Kuntur Wasi, Perú. 150x.

Se observan el hábito tabular y dos caras definidas, y está moderadamente alterado a arcilla, mineral que ya no está presente pero ha dejado oquedades que han sido rellenadas por los óxidos de un mineral máfico.

Es importante destacar que los colores no son siempre una característica para identificar los minerales en una muestra de campo. Hay que considerar otras propiedades físicas, como, para los feldespatos, la meteorización química del cristal.

3.6 Feldespato. Cuenco grande KW26, Kuntur Wasi, Perú. 200x. Fragmento cortado con sierra (se notan las líneas dejadas por la sierra). El cristal dentro del círculo azul presenta unas fracturas escalonadas y puede identificarse como un feldespato. Los dos granos gruesos en el centro son cuarzos policristalinos (flechas azules).

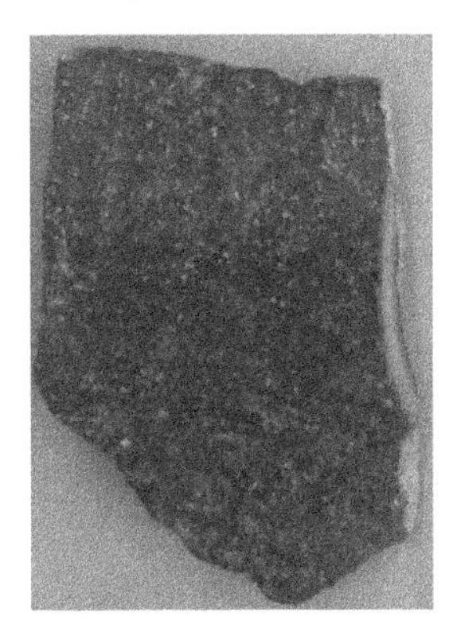

3.7 Plagioclasa (pl). Se distinguen bien las líneas finas paralelas, testimonio de la presencia de maclas características de las plagioclasas. Olla tradicional de Cancharumi, Ancash, Perú, PR53, 215x.

3.8 Feldespatos (fd) alterados a arcilla (en particular el grano que mide 1.440 mm). Olla tradicional, Musho, PR41, 90x.

3.2 Minerales máficos

Las micas negras y las biotitas en particular, son muy fáciles de exfoliarse, o sea se rompen en láminas muy delgadas como hojas. Tienen un clivaje en una dirección. El color pardo a negro, el brillo vítreo a sedoso de un cristal de biotita y un hábitus con caras definidas en forma alargada o hexagonal según el fragmento son criterios de identificación de las biotitas. Un grano oxidado puede parecerse a una biotita pero tiene formas no bien definidas, redondeadas a subredondeadas. Los anfíboles presentan habitualmente un hábito prismático de color verde claro a oscuro y un brillo vítreo. Pueden ser alargadas o presentar la cara basal con seis caras características del mineral. El ángulo entre las caras es de 120 grados. Es común que un cristal aparezca fragmentado presentando sólo parte de sus caras. Los piroxenos presentan un brillo mate, color negro, son prismáticos y más cortos (chatos) que los anfíboles o micas. Cuando cristalizados tienen de 4 a 8 lados. Si sus caras son cuadradas, el ángulo que forman es de 90 grados.

La alteración de los minerales, tanto los máficos como los feldespatos y plagioclasas puede impedir la identificación del mineral, debido a cambios en sus colores y formas. En este caso pueden ser descritos como granos oxidados. Esta información también es importante y puede servir de criterio de clasificación. En ciertos casos indica que el sedimento o el material utilizado por el alfarero no viene del mismo contexto geológico que un material con granos no alterados. Por otro lado, que la pasta haya tenido un tiempo prolongado de decantación o que se dejó "putrir" el material varios meses o años podría influir en el proceso de alteración de ciertos minerales, lo que dificulta una identificación de procedencia basada en la composición mineral de la pasta. Ciertos contextos de deposición de las cerámicas también alteran la composición o la apariencia de algunos minerales. Finalmente, hay que pensar que las cerámicas fueron quemadas. Según la temperatura de quema, un mineral puede modificarse. En principio, las cerámicas arqueológicas producidas en las Américas en la época pre-colonial, y muchas de las cerámicas neolíticas en Europa, no sobrepasaron los 900°C. Muchas modificaciones y el colapso de la red cristalina de las arcillas ocurren a temperaturas más altas. Una excepción notable es el caso de la calcita que se descompone a partir de los 500°C. Para más informaciones ver Rice 1987; Rye 1981; Velde y Druc 1999.

3.2.1 Micas

3.9 Mica blanca, hoja de muscovita en superficie de un cuenco.
Producción artesanal, Cunca, Valle de Sechín, Ancash, Perú. PR10. 150x.

Entre los tipos de micas existen las muscovitas, incoloras, con tonalidades amarillas a pardas y las flogopitas de color dorado. Estas micas se notan mucho en la superficie de las cerámicas porque brillan. Las biotitas son también micas, de color verde oscuro a negro, de brillo transparente a opacó. Las muscovitas son muy comunes en sedimentos terrígenos y rocas sedimentarias, mientras que las flogopitas se encuentran en las rocas metamórficas y rocas ígneas ultramáficas. Es el ambiente de formación (y la presencia de magnesio para la flogopita), más que el color, que permite distinguir entre los dos tipos. Las micas son inclusiones naturales en las rocas y los sedimentos pero no existen como mineral suelto. No se puede decir que una cerámica está atemperada con mica, pero sí que, por ejemplo, se haya agregado esquisto micáceo para lograr un efecto brillante en la superficie o en la pasta (Beatriz Cremonte, comunicación personal, 14/3/14). Tal práctica se ve en Sorkun, Turquía.

3.2.2 Anfíboles

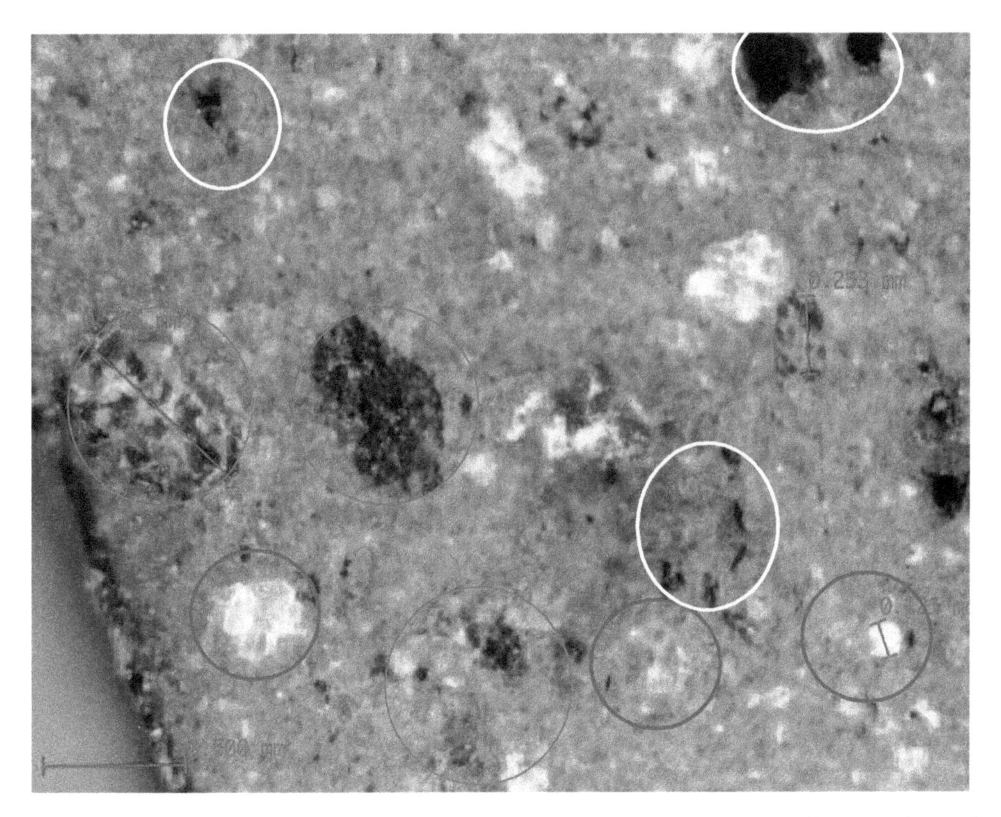

3.10 Cristales de anfíbol (círculos azules), biotita (círculos amarillos) y plagioclasa (círculos lila). Cuenco, producción tradicional, San Marcos Acteopan, México. 150x. Fragmento cortado con sierra. Los cristales verdes oscuros (círculo azul) con un brillo vítreo y levemente alterados a cloritas son anfíboles. Conservan sus seis caras formando ángulos de 120°. El cristal central de anfíbol es probablemente una hornblenda, variante de anfíbol muy común. Los cristales más oscuros de color negro pueden ser biotitas (círculo amarillo) por sus formas tabulares.

Los cristales blancos translúcidos (círculo lila) pueden ser plagioclasas por el brillo vítreo y las pequeñas estrías paralelas que en lamina delgada en el microscopio petrográfico se ven como maclas polisintéticas. Mantienen sus caras definidas. Aquí no están alteradas.

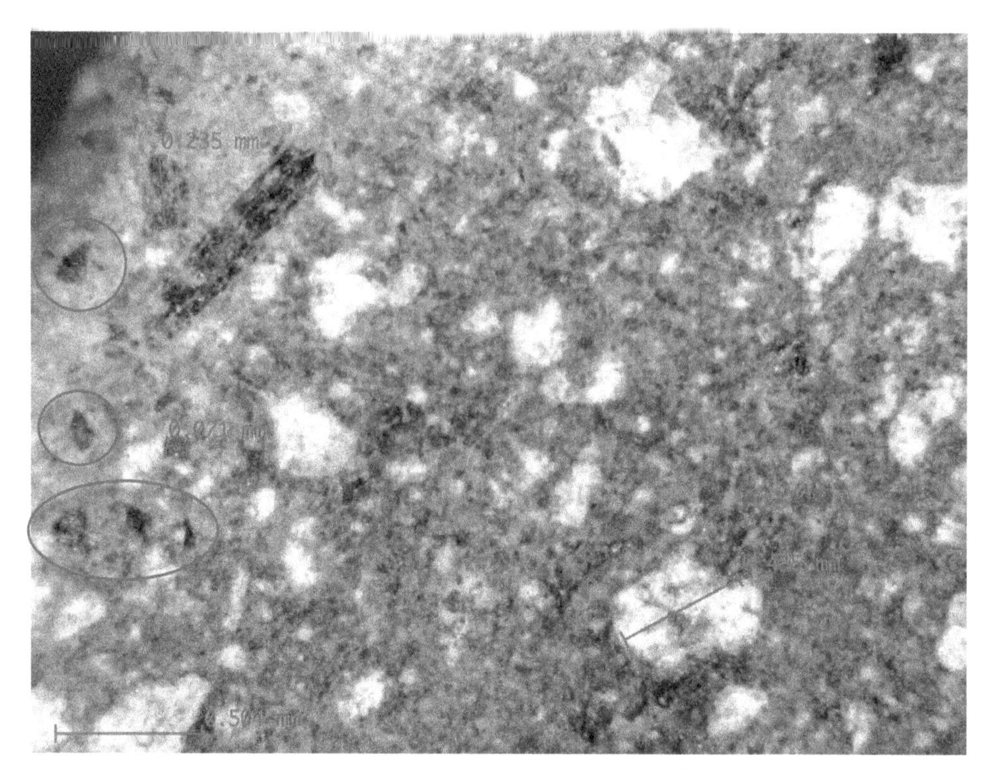

3.11 Hornblenda. Olla decorada KW36, Kuntur Wasi, Perú.150x.

Los cristales tabulares en esta fotografía son hornblendas. Presentan sus hábitos prismáticos de color verde y tienen un brillo vítreo. Los cristales más pequeños están cortados por sus caras basales (círculo azul) y pueden notarse en algunos cristales las seis caras (hexagonal). Podemos generalizar a estos cristales como anfíboles. Los puntos marrones pueden ser minerales máficos con impregnaciones de oxidación. En la margen derecha se puede distinguir un feldespato porque conserva dos caras definidas con una leve fractura escalonada.

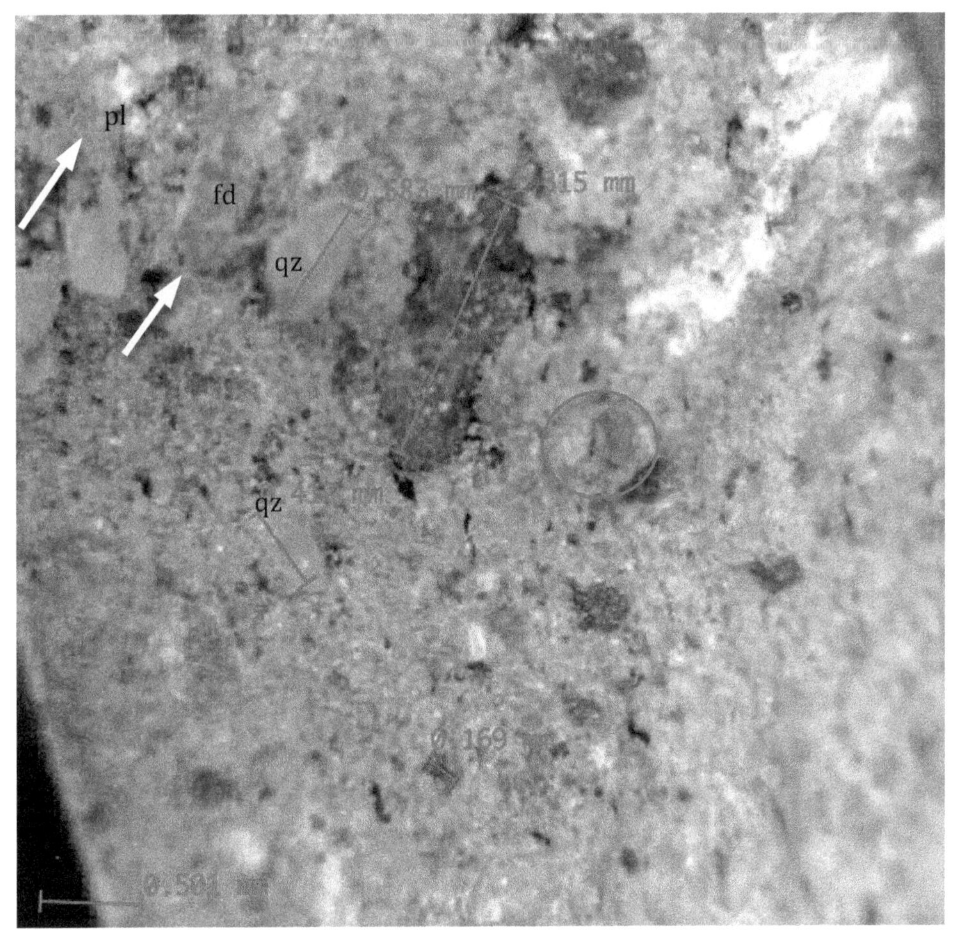

3.12 Fragmento basal de un anfíbol (círculo azul). Notar el color verde claro que ilustra la variabilidad de tonos que puede tomar este grupo de minerales (de verde a negro). Las inclusiones finas a gruesas marrón rojizas son óxidos y granos oxidados. También se nota la presencia de cuarzos (vg. el grano subredondo que mide 0.583) y cristales de feldespato y plagioclasa (flechas amarillas). Cuerpo de botella CP66-2013, Kuntur Wasi, Perú. 85x.

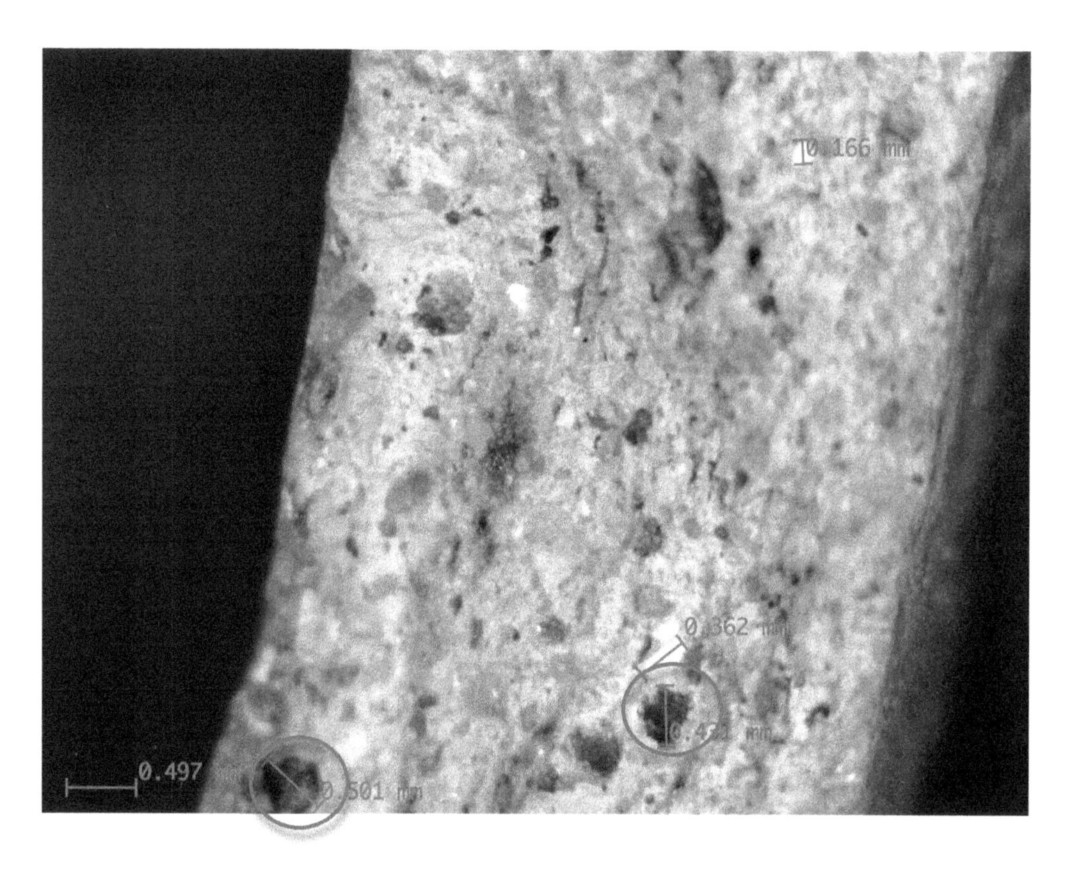

3.13 Cristales máficos de anfíbol. En la parte inferior de la fotografía (círculo azul, grano de 0.501 mm) se observa que el cristal de anfíbol ha sido cortado por su cara basal y tiene definidas sus seis caras (presenta una forma hexagonal). Cuenco KW25-2012, Kuntur Wasi, Perú. 70x.

En muestra de mano, la diferencia entre una mica y un anfíbol depende del corte de las caras del cristal. Las micas generalmente son hexagonales y muy delgadas, como hojas finas, mientras que los anfíboles son cristales más prismáticos con cierto grosor y si están erosionados pueden tener forma de granos subangulosos.

3.2.3 Piroxenos

3.14 Mineral máfico, posiblemente un piroxeno (círculo azul) por su brillo mate, y granos oxidados (en marrón rojizo). Los óxidos no presentan caras cristalinas bien definidas. El piroxeno se distingue de los anfíboles por sus caras, que si son bien definidas forman un ángulo de 90°. Cuenco KW20p-2012, Kuntur Wasi, Perú. 160x (arriba), 80x (abajo).

3.3 Óxidos e hidróxidos

3.15 Óxidos (en marrón) e hidróxido (en negro) de hierro. El color negro brillante y un aspecto como bolitas permite identificar el hidróxido en esta imagen. Un ejemplo de hidróxido puede ser la goetita, mientras que como ejemplo de óxido de hierro tenemos a la hematita. Granos opacos serían también negros pero más prismáticos. Cuenco grande KW26, Kuntur Wasi, Perú. 200x. Fragmento cortado con sierra.

Ver la figura 3.14 para otros ejemplos de óxidos.

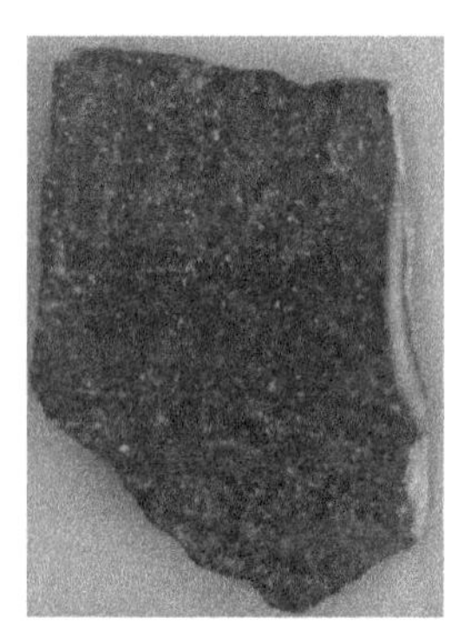

3.16 Minerales máficos que han sufrido un intemperismo químico (alteración de las rocas en la superficie de la tierra), formando impregnaciones de óxidos de hierro. Se ven como granos rojizos a oscuros (flechas azules). También se observan cristales de cuarzo y feldespato y un cristal de plagioclasa. Cuenco ID39-2012, Kuntur Wasi, Perú. 120x.

3.4 Rocas intrusivas

3.17 Ejemplo de roca intrusiva de composición intermedia (diorita), recolectada en el Km. 10, carretera de Chilete a Contumaza, valle del río Jequetepeque, agosto 2012.

Las rocas intrusivas son clasificadas de acuerdo al porcentajes de los minerales principales o primarios que las constituyen, siendo los siguientes: cuarzos, feldespatos potásicos, plagioclasas, piroxenos, anfiboles y micas (vg. biotita). De acuerdo a la composición de los minerales podemos llamarlas rocas félsicas o ácidas (vg. granitos), intermedias (vg. granodiorita y diorita), máficas o básicas (vg. gabro). La textura fanerítica se refiere al tamaño de los cristales (son reconocidos a simple vista o con ayuda de una lupa de mano). Cristales bien cristalizados, de tamaño fino a grueso y la textura del fragmento son importantes criterios para diferenciarlos de las rocas extrusivas (volcánicas). Ver el Atlas de rocas igneas de MacKenzie *et al.* (1991) para descripciones e ilustraciones de varios tipos de estas rocas en láminas delgadas o Winter (2010) para detalles sobre su clasificación, formación e identificación.

3.18 Pasta con fragmentos líticos derivados de una roca intrusiva. Un litoclasto grueso se ve en el centro a la derecha y uno mediano al lado (flechas rojas). El grado de cristalinidad de estos clastos es holocristalino (compuestos por más de 90 % de cristales), con cristales faneríticos (reconocibles a simple vista). Estos litoclastos son compuestos por granos gruesos inequigranulares (de diferentes tamaños) y tienen una composición félsica (compuestos mayormente por cristales de cuarzo y feldespato). El índice de color es leucocrático (claro). Estas observaciones apuntan a una composición granítica. Cuenco CP26-2012, Kuntur Wasi, Perú. 170x.

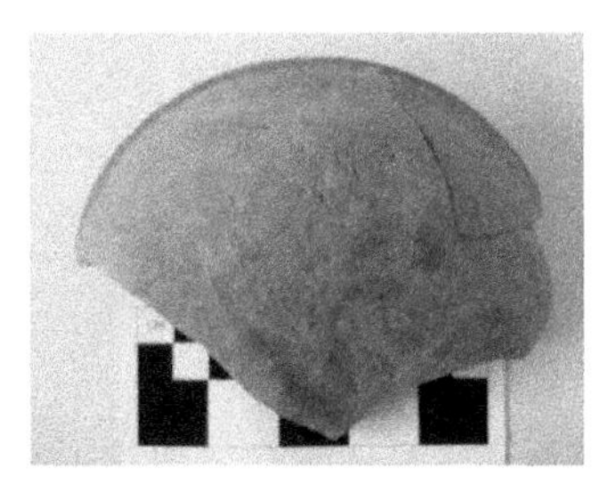

155x

3.19 Fragmentos de roca intrusiva de composición intermedia (con 52-60 % de silicio) y textura fanerítica equigranular. El contenido de silicio (más que todo encontrado en los minerales félsicos) determina el tipo de roca intrusiva (ácida, intermedia, básica). Esto se ve mejor con petrografía. Cuenco ID40-2012 con decoración policroma, Kuntur Wasi, Perú.

El clasto rojo oscuro que mide 0.355 mm tiene la característica de un fragmento intrusivo con una fuerte oxidación. 170x.

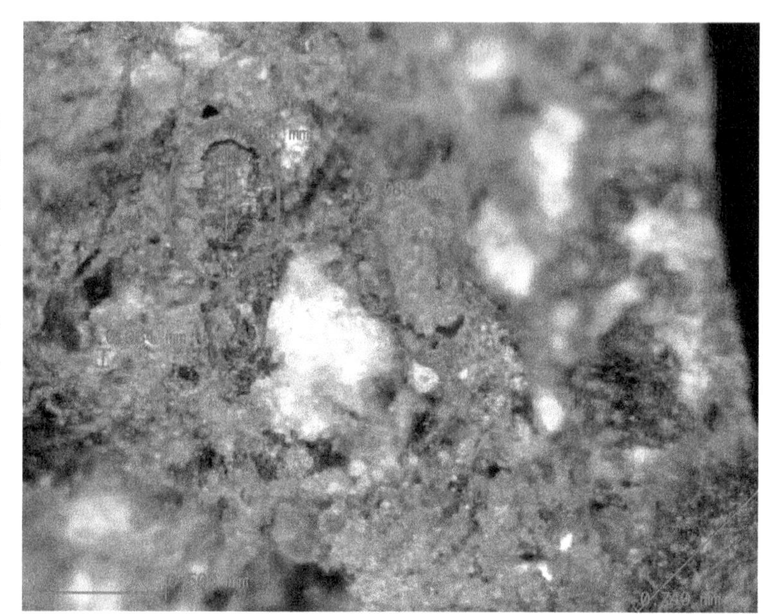

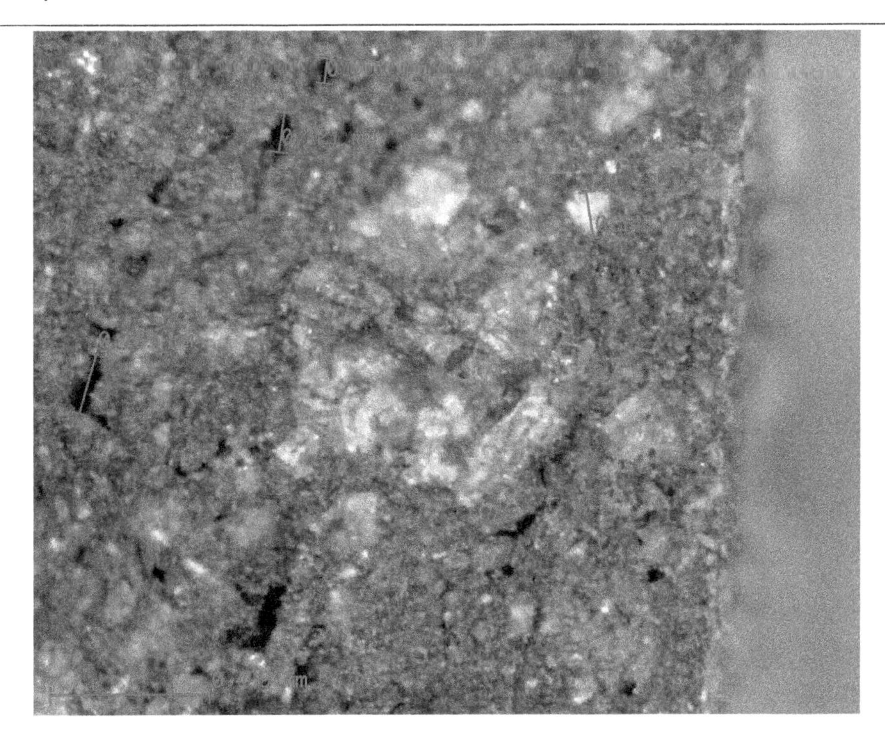

3.20 Litoclasto félsico muy grueso subredondeado probablemente derivado de una roca intrusiva. La oxidación del fragmento no permite una buena identificación. El porcentaje de minerales félsico y máficos (circa 60:40) apunta a un fragmento intrusivo de composición intermedia (como una granodiorita por ejemplo). Se ven algunos fragmentos más chicos de misma composición al lado del clasto grueso. Botella CP41-2012, Kuntur Wasi, Perú. 175x (arriba), 80x (abajo), con borde exterior a la izquierda.

80x

3.21 Fragmento muy grueso (2.28 mm de largo) de roca intrusiva en el cual se distingue feldespatos, anfíboles y piroxenos. La combinación de minerales félsicos y máficos sugiere que es una roca intrusiva de composición intermedia. Estos minerales y cristales de cuarzo también se ven en el fondo de pasta. La cerámica está decorada con círculos incisos posiblemente rellenados de pigmento rojo. Restos de pigmento se observan en el borde izquierdo del fragmento (flecha roja). Canchero CP56, Kuntur Wasi, Perú. En comparación, la fotomicrografía de lámina delgada de la misma cerámica, vista con luz transmitida y nicoles cruzados, 40x, permite apreciar con más detalle la composición de los fragmentos intrusivos vistos arriba y confirmar su carácter intrusivo intermedio.

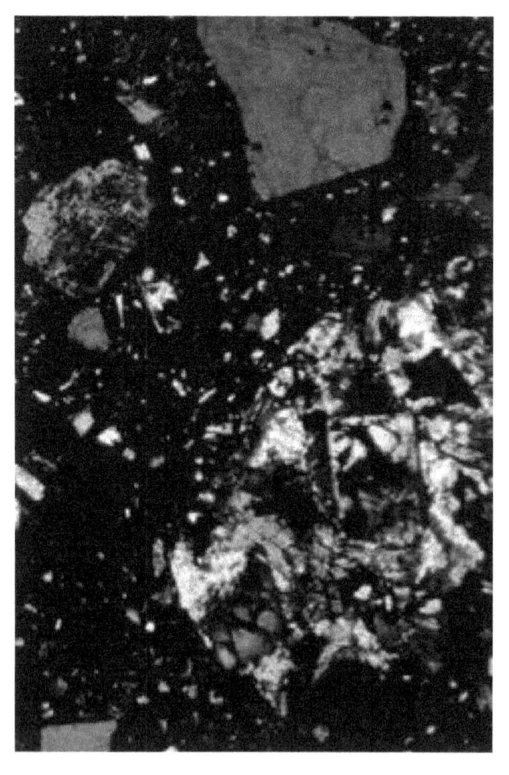

3.22 En esta fotografía se ven varios litoclastos intrusivos subredondos, de tamaño fino a mediano. La forma subredonda y la granulometría variada de estos fragmentos sugieren que forman parte de un sedimento clástico agregado a la arcilla por el alfarero y no de roca triturada. Cuenco CP64, Kuntur Wasi, Perú. 150x.

Ciertos sedimentos pueden acumular fragmentos de cristales y litoclastos procedentes de la erosión de las rocas y de los suelos alrededor. Según la roca y las condiciones estos clastos se alterarán más o menos rápidamente. Las rocas volcánicas lograrán una forma más redonda que las rocas intrusivas con mucho cuarzo.

No todos los litoclastos angulares provienen necesariamente de una roca triturada.

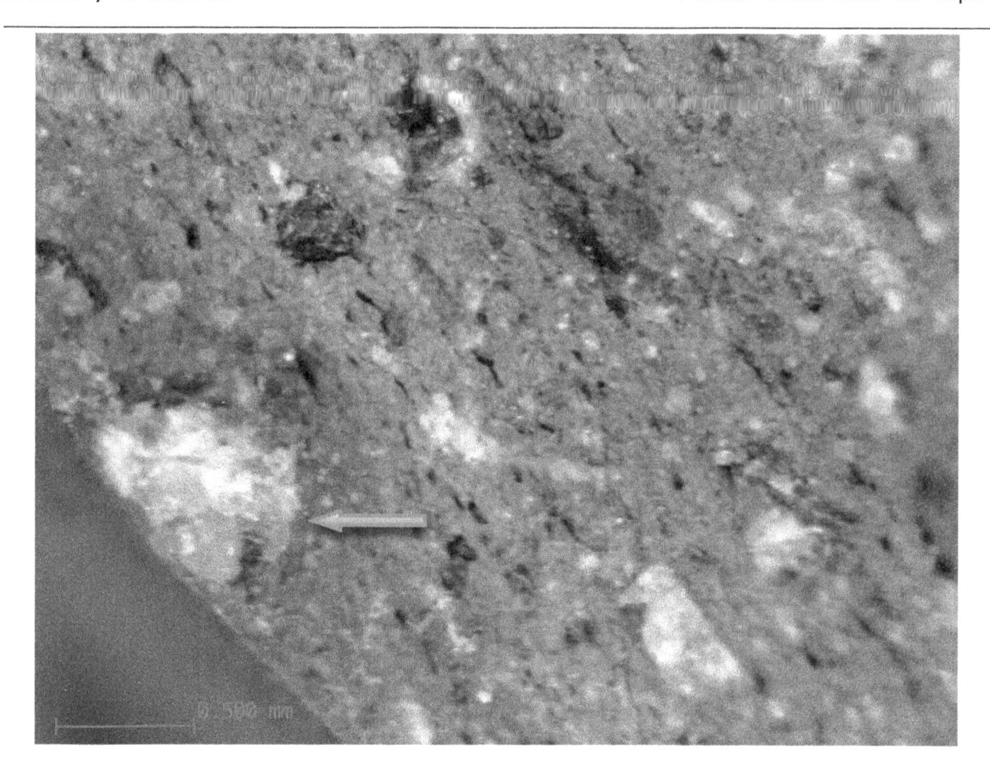

3.23 Fragmento grueso de roca intrusiva de composición intermedia con granos gruesos inequigranulares de cuarzo, feldespato, plagioclasa y pocos minerales máficos. Fragmento de botella PU156, Puémape, Perú. 150x. La fotomicrografía abajo viene de una lámina delgada de la misma cerámica, vista con microscopio petrográfico con luz transmitida y nicoles cruzados, 80x. La composición de los fragmentos líticos se ve mejor y permite identificarlos como clastos de composición granodiorítica.

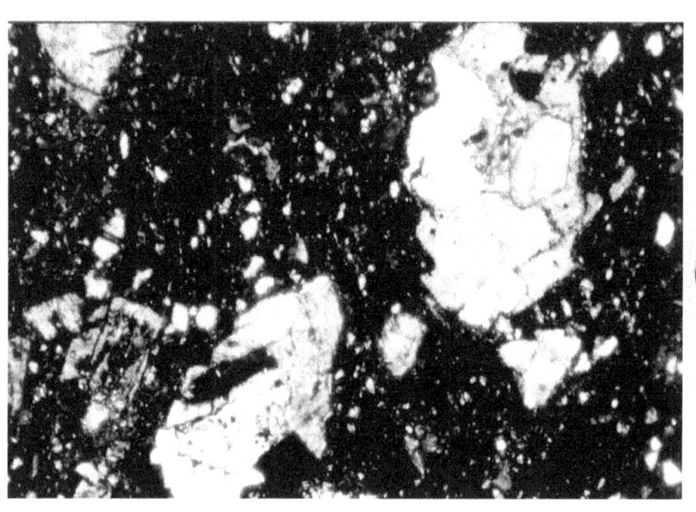

3.5 Rocas volcánicas

Dentro de las rocas volcánicas, tenemos a los depósitos de lavas y flujos piroclásticos. Las rocas volcánicas son muy frecuentes en las pastas cerámicas. Son clasificadas según el tamaño y la composición de los fragmentos de roca y cristales que les constituyen. Las lavas, los piroclastos (vg. pómez, vidrio, fragmentos de cristales y rocas), los tufos (cenizas consolidadas pero también un nombre común para los piroclastos) son categorías que tienen cierta textura y composición (ver libros de geología para detalles, como Castro Dorado 1989). De modo general, han sufrido un enfriamiento muy rápido al contacto con la superficie y no llegaron a desarrollar una textura holocristalina (100 % de cristales) como en las rocas intrusivas. Las lavas pueden presentar texturas vítreas debido a un mayor grado de enfriamiento o texturas cristalinas de grano muy fino conocido como afaníticos (que no se pueden distinguir en muestras de mano), hasta texturas porfiríticas (cristales grandes en una matriz de cristales mucho más finos) y en algunos casos faneríticas. Una característica importante es que debido a la densidad de la lava se puede observar en la matriz de la roca un ordenamiento de los cristales finos en la dirección del flujo volcánico.

Las pómez son fragmentos juveniles producidos por la explosión violenta de un volcán y sufren un enfriamiento rápido. Su característica importante es su forma y estructura alargada (angulosa en sus extremidades cuando no son rotas), con textura porosa o cristalina con una ligera orientación de sus cristales. Son de colores claros debido a la predominancia de minerales félsicos (ácidos). Los piroclastos provienen de la explosión de un volcán, están formados por cristales rotos, algunos fragmentos de rocas de formas angulosas (no han sufrido mucho transporte) con diferente granulometría y vidrio volcánico, los depósitos piroclásticos pueden estar consolidados o no.

3.24 Ejemplos de rocas piroclásticas recolectadas cerca de Sangal, Cajamarca, 2013.

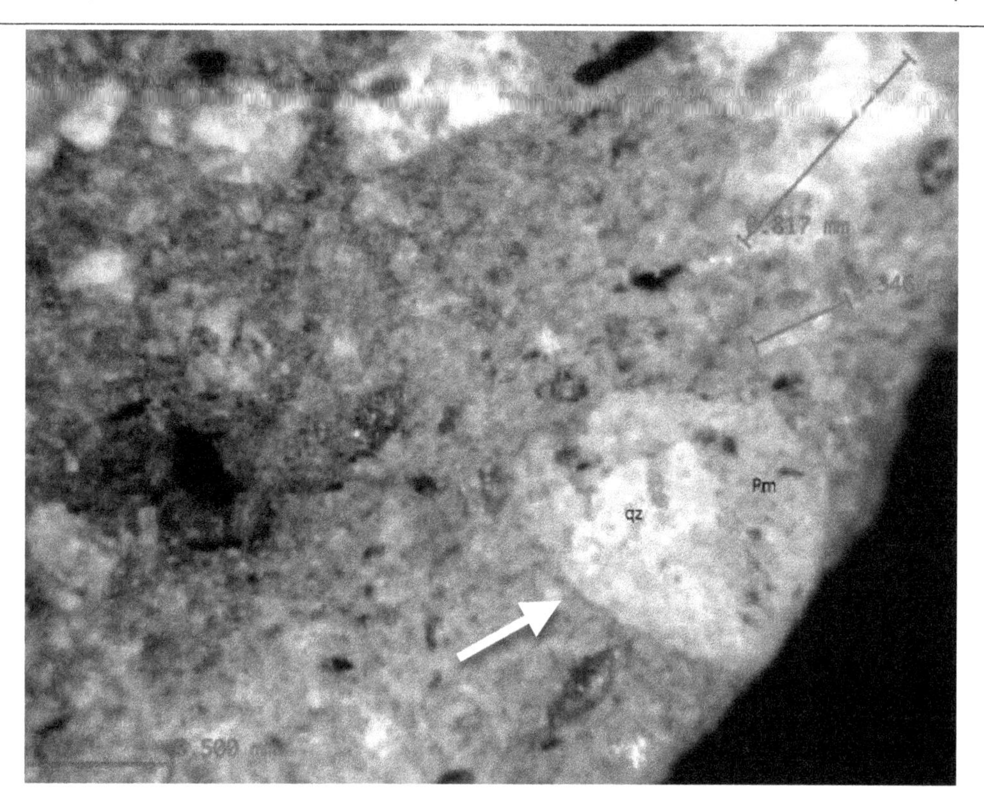

3.25a Fragmento de pómez (grueso clasto claro subredondo, flecha amarilla). Tinaja SG53, Kuntur Wasi, Perú. 150x. En la pómez se ve un fenocristal grueso de cuarzo engolfado.

Las pómez son fragmentos piroclásticos ácidos de vidrio, con textura vesicular y forma alargada. Pueden contener cristales (llamados fenocristales) de cuarzo, plagioclasa, biotita o fragmentos de roca. La imagen abajo es de un fragmento de piroclasto con misma composición que en la pasta cerámica arriba y proviene de una cantera que los alfareros actuales utilizan para aprovisionarse en temperante (ver Capítulo 4, figura 4.1b).

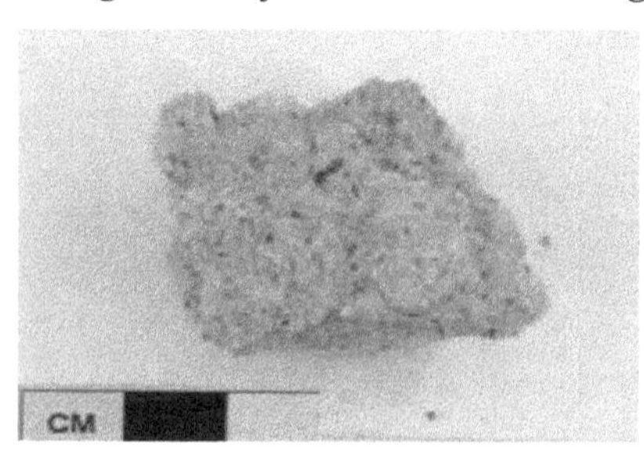

3.25b Piroclasto, Jancos Alto, Cajamarca, Perú.

3.26 Pasta volcánica con varios clastos de lava de color gris oscuro a negro (flechas azules). Tienen una textura afírica (sin fenocristales) y el tamaño de los cristales es equigranular. Se encuentran ligeramente oxidado y tienen mayor contenido de minerales máficos con algunos cristales de plagioclasa. El fragmento que mide 0.987 mm abajo proviene de un piroclasto félsico con textura afírica, con probables cristales de plagioclasa y feldespato (tipo sanidina). Está ligeramente oxidado.

Cuenco KW19-2012, 160x y 80x. Kuntur Wasi, Perú.

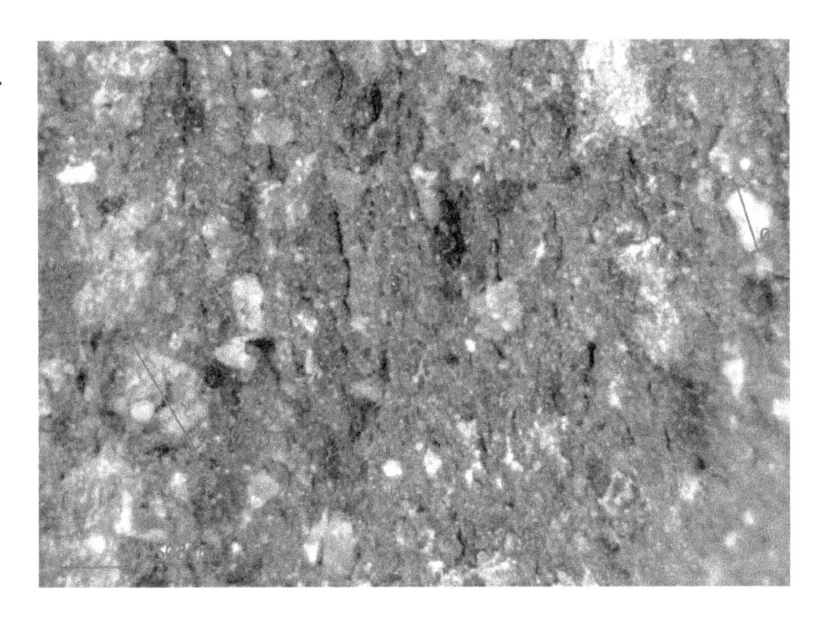

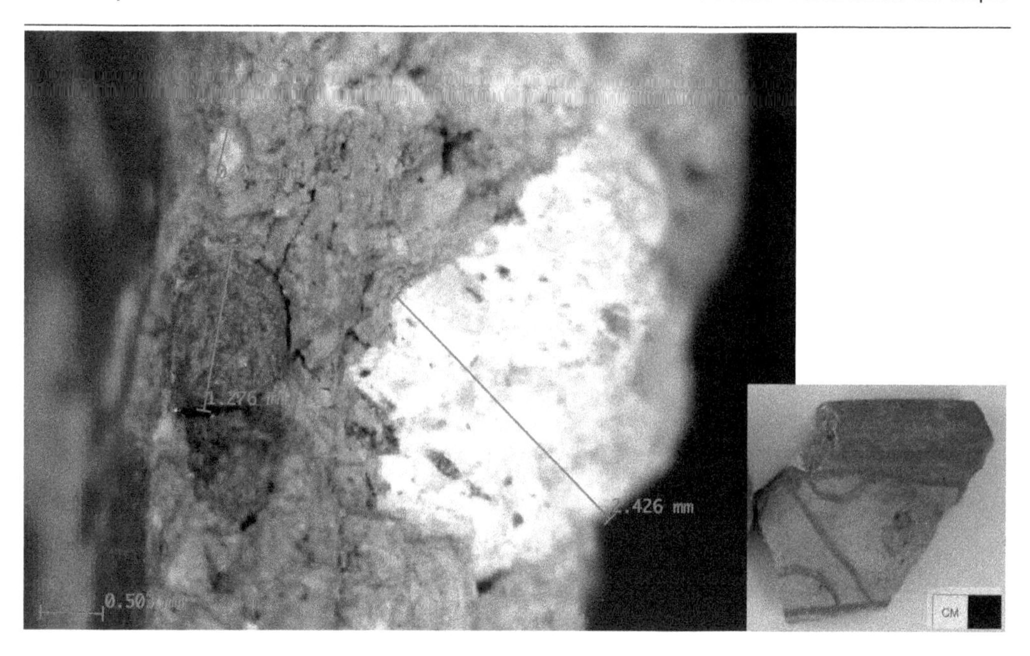

3.27 Pómez muy gruesa de color claro, aspecto fibroso, de textura cristalina con fenocristales félsicos y máficos, probablemente de anfíboles por el color negro verdoso y las formas que presentan. CP33-2012. Kuntur Wasi, Perú. 80x.

3.28 Abundantes fragmentos de piroclastos félsicos con presencia de algunos cristales máficos. Tinaja CP17, Kuntur Wasi, Perú. 70x.

3.29 Fragmento de lava (redondo, flecha azul), volcanoclasto (negro), cuarzos angulares y plagioclasas. Tinaja SG53, Kuntur Wasi, Perú. 155x.

3.30 Fragmentos medianos a gruesos porfiríticos volcánicos angulares a subangulares (círculos verdes) con fenocristales de plagioclasa (cristales blancos, rectangulares, laminados) visibles en los fragmentos más gruesos. Botella KW37p-2012, Kuntur Wasi, Perú. 155x.

3.31 Fragmentos finos a gruesos de piroclastos félsicos (granos claros redondos a subredondos, flechas rojas) con abundantes fenocristales de cuarzo y feldespato. En lámina delgada (izq., nicoles paralelos, 40x), los poros en la pómez se ven aplastados y paralelos a la dirección del flujo piroclástico, elemento diagnóstico de una pómez. En una muestra de mano la dirección de flujo no se ve bien y es más seguro identificar tal inclusión como un piroclasto. Olla MA24, Mangallpa, producción tradicional. 90x.

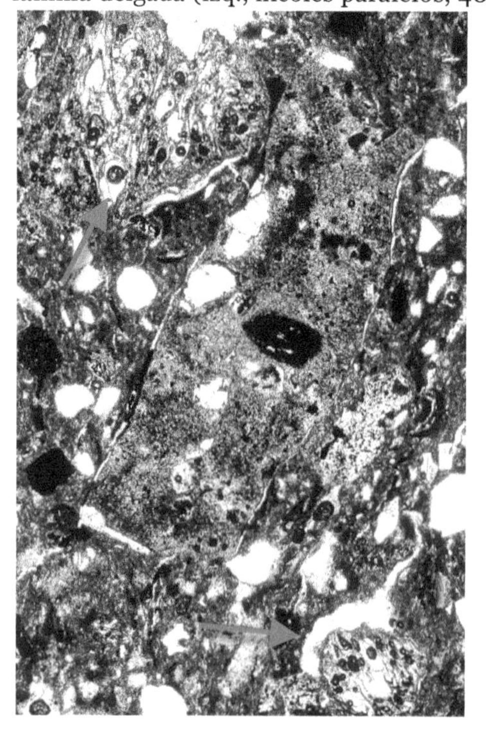

3.6 Alteración de las rocas ígneas

Todas las rocas sufren una meteorización química debido a un cambio ambiental modificando su mineralogía, textura y química. Los procesos pueden ser por oxidación, carbonatación, disolución, hidratación, lixiviación (lavado por el agua) e hidrólisis. Las rocas ígneas sufren una alteración hidrotermal y son denominadas de acuerdo al mineral más abundante, por ejemplo: silicificación (presencia dominante de sílice o cuarzo), argilización (presencia dominante de minerales de arcilla), etc. En particular, las cenizas y el vidrio en las rocas volcánicas se alteran rápidamente a minerales arcillosos, granos silíceos microcristalinos o feldespatos muy finos (Cuadros *et al.* 2013, Folk 1965). Las rocas que sufren la alteración o destrucción de su mineralogía y una mayor hidrólisis se convierten en una masa silícea. A continuación se presentan dos ejemplos de alteración de rocas volcánicas.

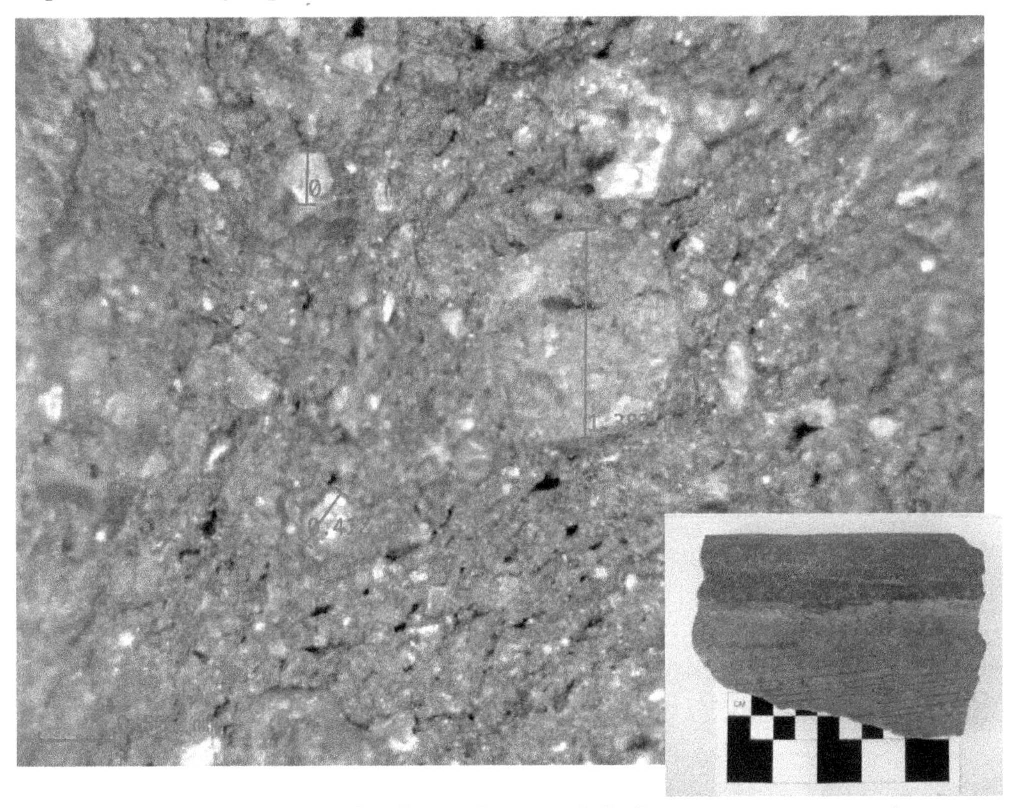

3.32 El grano muy grueso redondo en el centro de la imagen parece ser un fragmento de piroclasto con moderada oxidación y silicificado. Olla CP34, Kuntur Wasi, Perú. 75x.

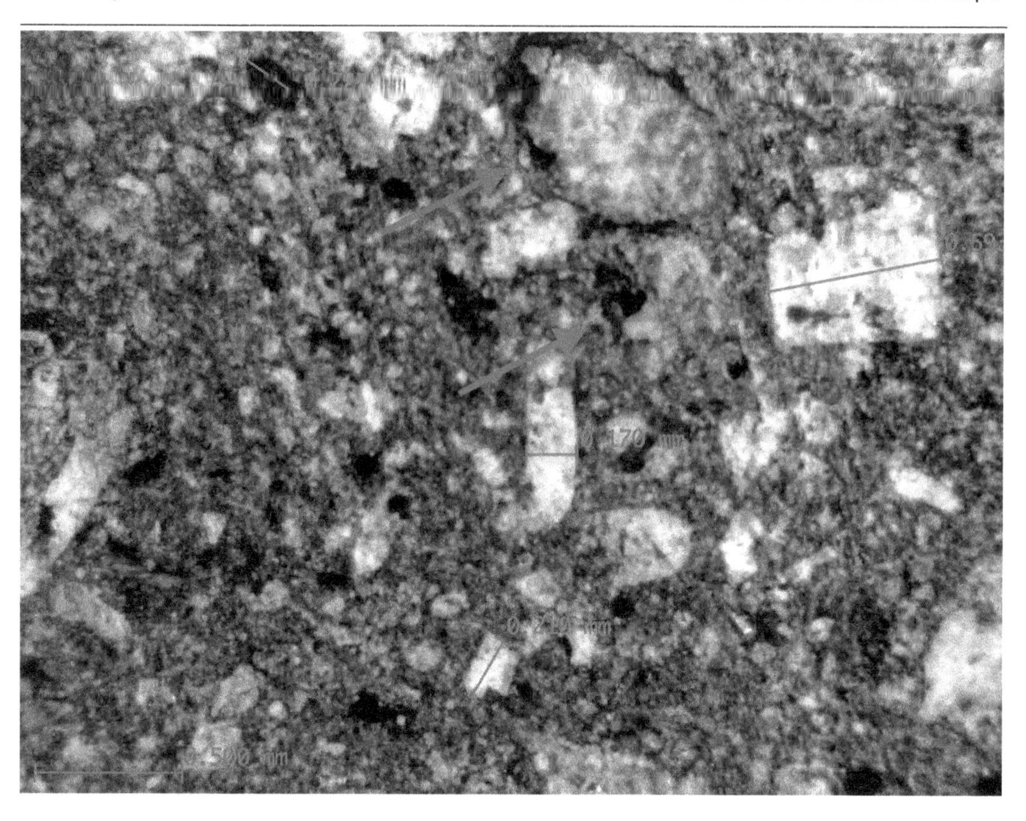

3.33 Los clastos subredondos (flecha azul), claros, sin definición precisa de sus constituyentes pueden ser clastos volcánicos alterados o esferulitas cristalizadas que provienen de rocas volcánicas ácidas como las riolitas (pequeños núcleos de cristalización). También se ven cristales de feldespatos (cristal rectangular grueso, margen derecha). Olla con cuello CP59, Kuntur Wasi, Perú, 90x. Fragmento cortado con sierra.

3.7 Rocas sedimentarias y metamórficas

Las areniscas son unas de las rocas sedimentarias detríticas que se encuentran frecuentemente en las pastas cerámicas. Están compuestas mayormente por minerales de cuarzo y/o feldespatos dentro de una matriz silícea o de carbonato de calcio, también pueden tener fragmentos de roca. Otra característica en reconocer las areniscas es el tamaño de los granos que son menores a 2 mm. Las areniscas con mayor porcentaje de minerales de cuarzo son conocidas como areniscas cuarzosas. Estas rocas se han formado por la acción del intemperismo y erosión de rocas preexistentes (ígneas, sedimentarias o metamórficas). Hay una gran variedad de areniscas y el color no es un diagnóstico en estas rocas.

Las rocas metamórficas son reconocidas por su textura blástica (recristalización de los minerales en estado sólido). Se reconoce a la cuarcita por presentar una textura granoblástica con mayor porcentaje de minerales de cuarzo.

3.34 Fragmentos de areniscas (roca sedimentaria), clastos grises angulares (flechas azules) de tamaño fino a mediano. Olla sin cuello An66a, Ancón, Perú. 150x.

0 5cm

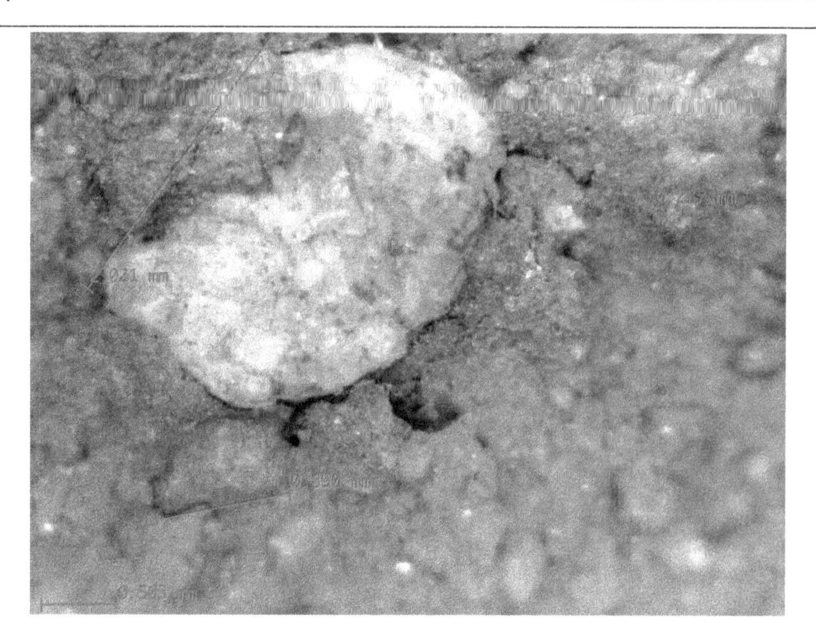

3.35 Fragmento muy grueso de arenisca cuarzosa compuesta en mayoría de cuarzos policristalinos y algunos minerales máficos subredondos. Botella, An51-173, Ancón, Perú. 90x.

3.36 Fragmentos alterados de arenisca. Se ven minerales individuales dentro de un alto porcentaje de matriz. Olla tradicional de Pariahuanca, Perú. 160x. Las ollas negras (der.) están secando. Una vez quemadas tendrán el color de la tinaja.

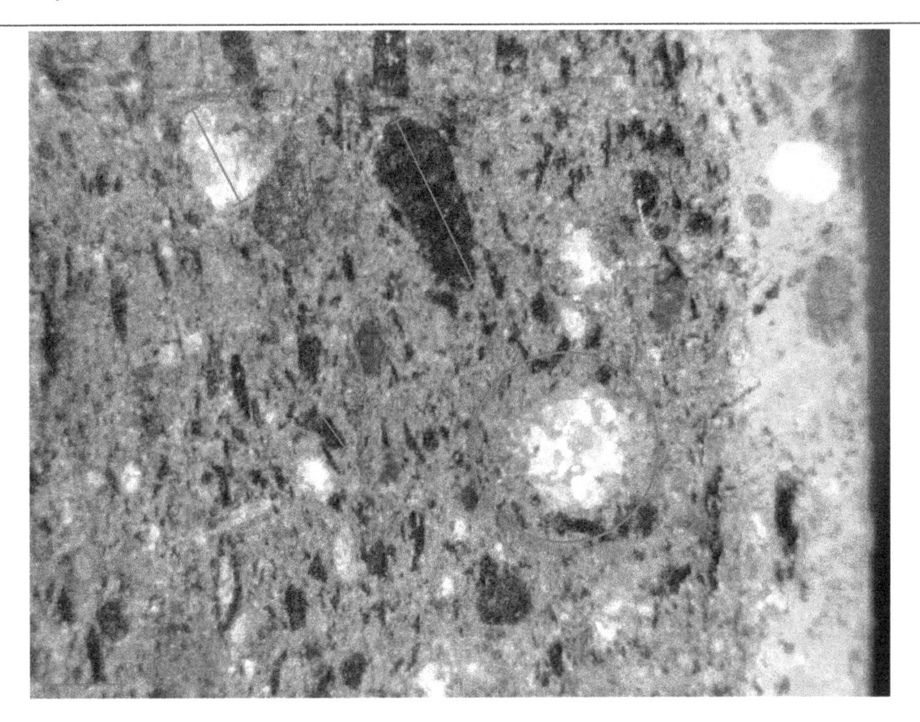

3.37 Pizarra (roca metamórfica) molida utilizada como temperante (inclusiones negras, finas a gruesas subangulares). También se distinguen: cuarzos, feldespatos, óxidos y un fragmento de cuarcita o arenisca (círculo azul). Olla MAR10, Marcajirca, Perú. 90x.

3.38 Misma olla que en 3.37, pero analizada con petrografía. Fotomicrografía de lámina delgada. En luz transmitida y nicoles paralelos, los fragmentos de pizarra se ven casi opacos. El clasto grueso blanco, con cristales de cuarzo es una arenisca. 40x.

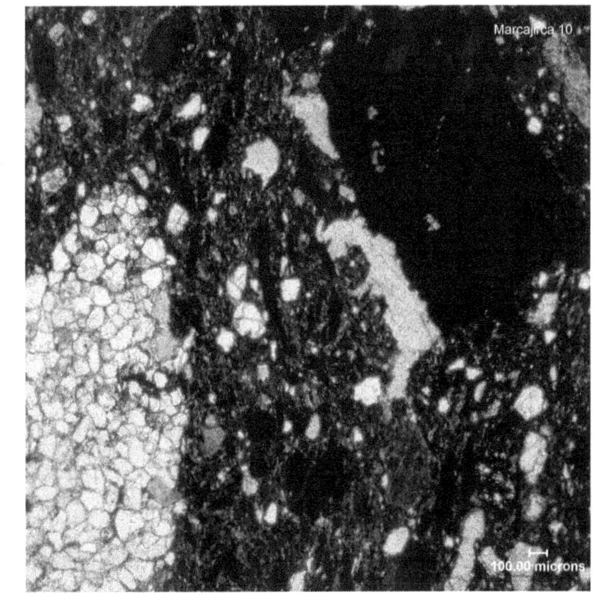

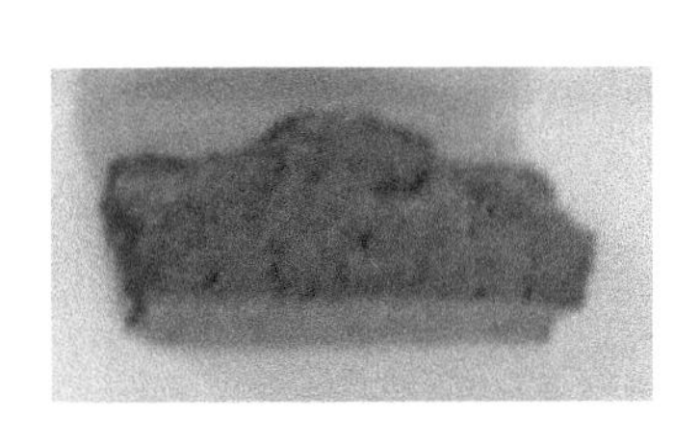

4. MATERIAS PRIMAS Y TECNOLOGÍA CERÁMICA

I. Druc

En las próximas páginas se ilustran varios tipos de materias primas, pastas con temperante orgánico y mineral, evidencias de manufactura, texturas y algunos efectos de quema y atmósfera de quema. Estos ejemplos sirven para presentar el tipo de información que se puede obtener bajo la lupa y que no solamente cerámicas pero también material comparativo puede ser analizado. Las arcillas utilizadas por los alfareros generalmente llevan inclusiones no-plásticas finas a gruesas en diferentes proporciones, las cuales informan sobre el origen del sedimento utilizado. Aunque un material tan fino como el caolín o el loes se observa mejor con microscopios de alto aumento y resolución, una primera aproximación permite tener una idea de la textura, composición y granulometría de las materias primas disponibles en una región. Sedimentos o depósitos de posible uso para la producción cerámica suelen también ser recolectados y examinados, ya que los alfareros pueden preparar su pasta mezclando dos (o más) materiales, afinados o no. Estos pueden ser preparados y estudiados bajo lupa como muestras experimentales, según diferentes recetas, proporciones y temperaturas de quema, lo cual facilita la comparación con las cerámicas arqueológicas.

El color de una arcilla depende de varios factores (ver Shepard 1968: 16-22), entre ellos el porcentaje y el estado de hierro presente. La quema, y en particular la atmósfera de quema, también altera el color final de una vasija y la textura de la pasta. Según el material y la temperatura de quema también se puede notar diferencias de porosidad. Al examinar muestras con una lupa, uno debe tener estos cambios en la mente.

Una distribución bimodal de los granos en la pasta cerámica generalmente indica el uso de dos materias primas o la adición de modo controlado de la fracción gruesa, por ejemplo, de una arcilla decantada como en San Marcos Acteopan, México (Druc 2000). Teniendo en cuenta que una materia prima es modificada por el alfarero, determinar el porcentaje de inclusiones por clases granulométricas y composición mineralógica puede ser útil en estudios comparativos iniciales. De igual modo, la textura de una pasta y la distribución y granulometría de las inclusiones informan sobre la tradición tecnológica utilizada por el alfarero.

4.1 Materias primas

4.1a Cantera de arcilla, Mangallpa Perú. Alfarero Santos Tanta Sánchez (con gorro rojo), su familia y un ayudante. Agosto 2013.

4.1b Cantera de temperante, material piroclástico, Mangallpa, Perú. Los dos materiales se mezclan en proporciones de 1 medida de arcilla para 2 de temperante. Se produce ollas y cántaros con la técnica del paleteado. Muchas cerámicas del sitio arqueológico de Kuntur Wasi presentan la misma composición piroclástica que el material de Mangallpa y son ilustradas en este manual.

4.2 Temperante utilizado para la producción en Mangallpa, Perú: (a) Pared de sedimento piroclástico consolidado (mismo lugar que en la fotografía de la cantera, p. 52), (b) detalle con fragmentos de pómez, tufo, cuarzo, plagioclasa y biotita. En la pasta de cerámicas hechas con este material, la fracción superior a 1 mm fue eliminada con tamiz. 4.2a y b: 90x.

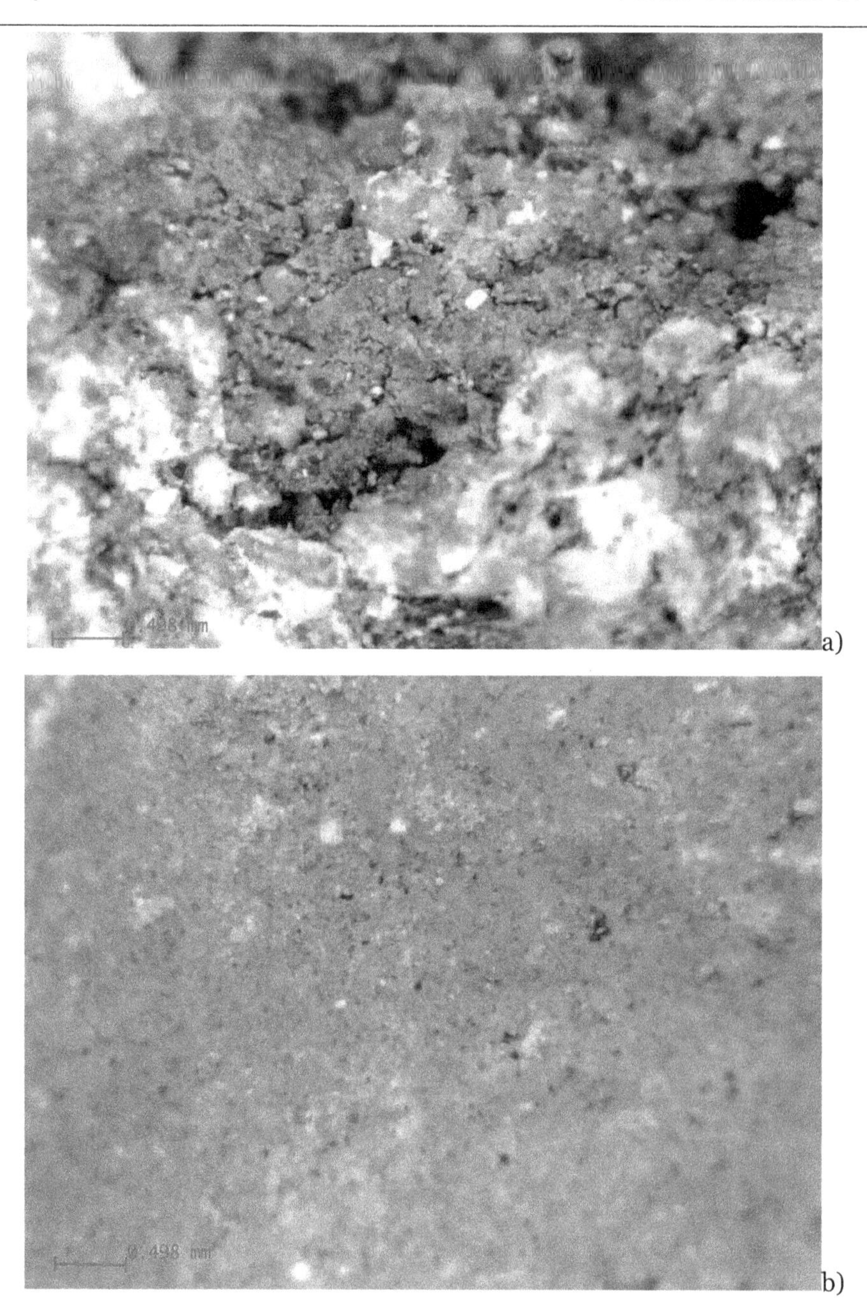

4.3 Arcilla de Sangal, San Pablo, Perú: (a) materia prima con inclusiones no arcillosas de granulometría fina con algunos fragmentos medianos a gruesos de cuarzo y arenisca; (b) tiesto no quemado, material sin fracción mediana y gruesa y solamente amasado con agua. 4.3a y b: 90x.

a)

b)

4.4 a) Muestra de caolín, Callejón de Huaylas, Ancash, Perú. 90x.
b) Pasta a base de caolín y sin temperante, vasija imitación Recuay (vasija no quemada dada por el arqueólogo Wilder León, 1998). 140x.

El caolín cuando puro no tiene hierro, lo que produce una pasta blanca que no cambia de color cuando se quema.

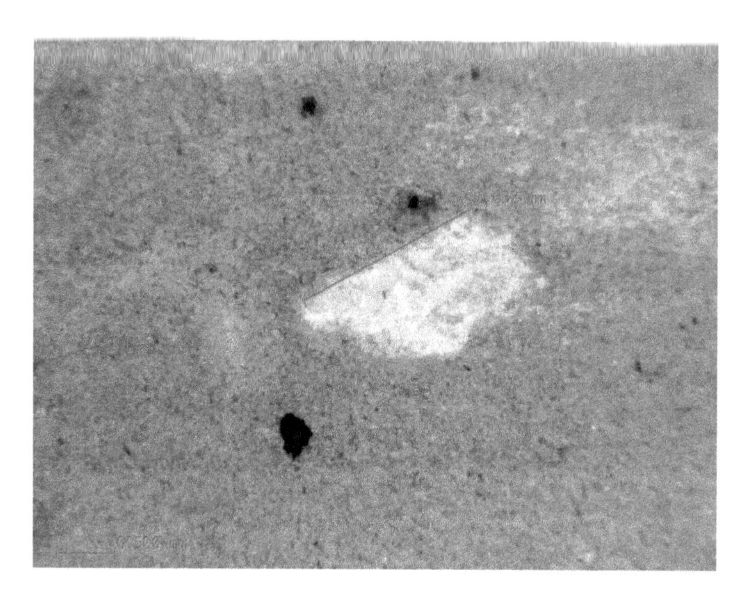

4.5 Muestra experimental quemada de limo y arcilla (loes) No. AY2008 tN01 - ALN09A6. Loes recolectado cerca de Linjiazhuang (ALN), sitio arqueológico de Yinxu (Anyang), China. Arcilla muy fina con pocas inclusiones no plásticas, como el cristal de feldespato arriba (blanco) y algunos óxidos (inclusiones negras). 85x.

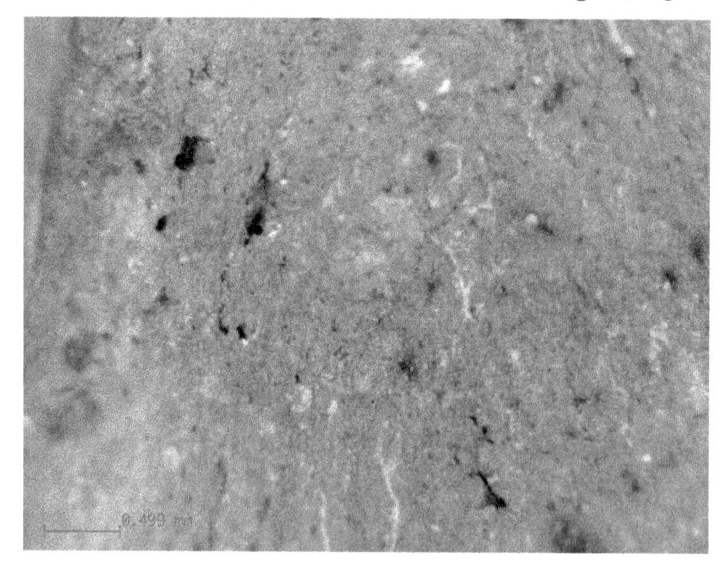

4.6 HB99-5 Jarra Guan tipo *Grayware*, pasta a base de loes sin temperante agregado. Sitio de Huanbei, China. El cambio de color del loes comparativo a la figura anterior resulta de la atmósfera de quema. Los poros (negro) resultan de la retracción de la pasta a la quema. Las inclusiones gruesas en la materia prima fueron eliminadas. 110x.

4.7 AY0031. Fragmento de molde hecho con loes para la producción de bronce, sitio de Xiaomintun, China. Según Jim Stoltman (comunicación personal, octubre 2013), el loes fue probablemente preparado con decantación o levigación y adición de cal. 85x.

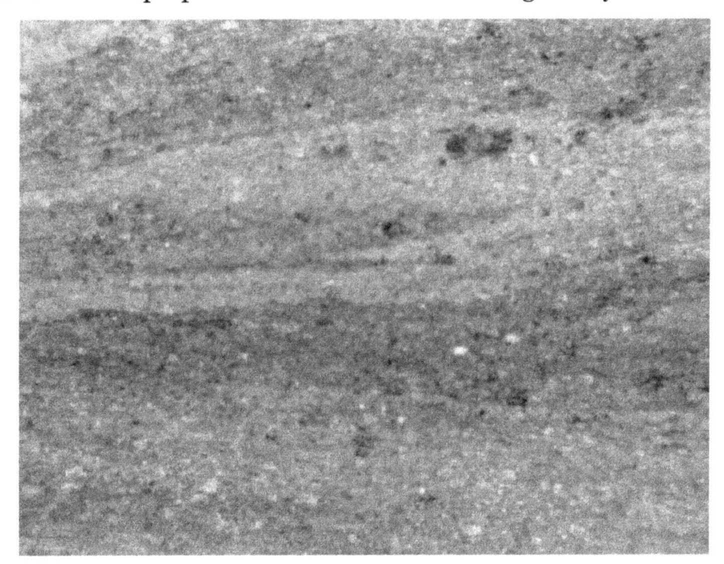

4.8 Vasija hecha con arcilla y loes, logrando una pasta fina con pocas inclusiones. La textura alineada de la pasta y las diferencias de color pueden resultar de una mezcla incompleta de las materias primas al preparar la pasta. El fondo de pasta está constituido por arcilla y limo. Mallard Bay #16-65, fragmento de cuerpo de vasija no decorada, Cameron County, Sur de Louisiana, EE. UU. Fragmento aserrado. 90x.

4.5 a 4.8: UW-Madison Collections, Jim Stoltman. Para detalles sobre la producción de vasijas con loes ver Stoltman *et al.* 2009 y Stoltman 2014.

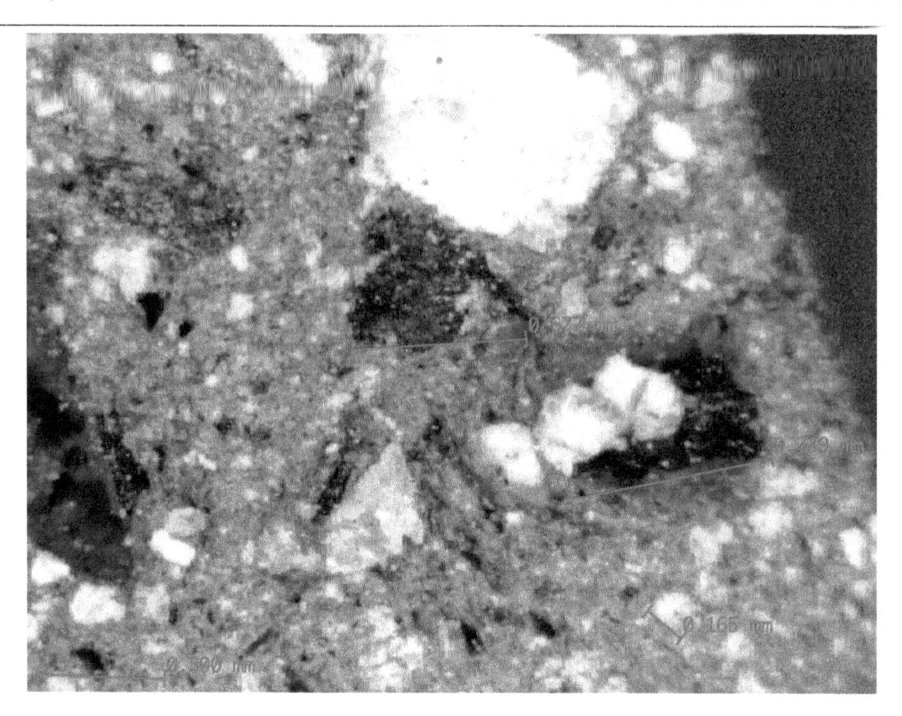

4.9 Pasta de una olla de producción tradicional hecha sin temperante. La arcilla utilizada es gruesa y contiene abundante material antiplástico de granulometría fina a gruesa. Se ven tanto cristaloclastos como litoclastos. La angulosidad de los fragmentos nos indica que el material no tuvo un mayor proceso de transporte desde su depósito original (depósito eluvial). El lugar de producción (Calpoc, Ancash) se encuentra en la parte alta del valle de Casma en la Cordillera Negra, la cual forma parte del Batolito de la Costa de Perú. 150x.

En otros casos, cuando el sedimento o la arena están transportados por el agua o el viento por ejemplo, los materiales pasan por una serie de procesos físico-químicos, mediante los cuales van adquiriendo características de selección, tamaño, redondeamiento, disolución y alteración, hasta su deposición. Ver Folk (1965) para detalles sobre la formación de sedimentos, criterios de identificación e interpretación de los componentes constituyentes. Estas características sirven para los estudios de procedencia de las materias primas utilizadas por los alfareros.

4.2 Temperantes

Temperante de arena

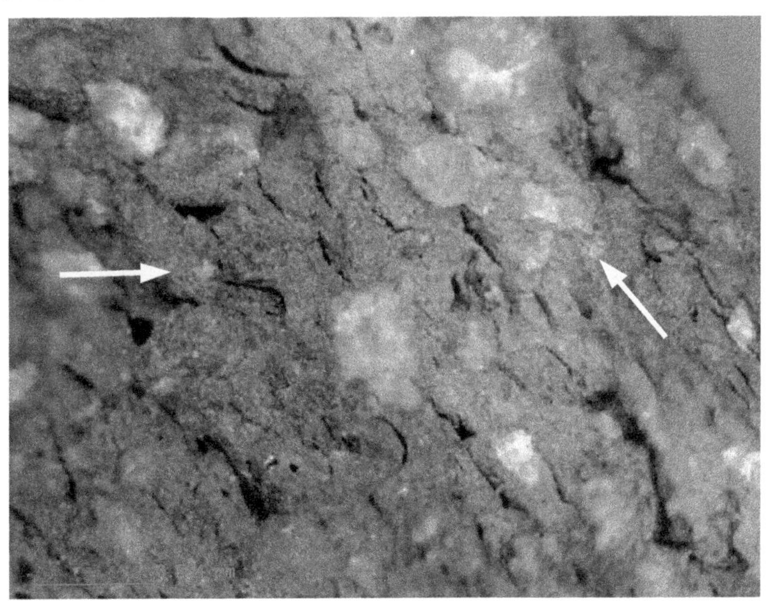

4.10a Pasta hecha con arcilla y arena del litoral, con granos subangulosos a subredondos de cuarzo, feldespatos, clastos volcánicos, minerales máficos, carbonatos y bioclastos finos recristalizados. Sólo con petrografía y en lámina delgada se puede distinguir que las concreciones claras (flechas amarillas en las imágenes 4.10a y b son esqueletos de microorganismos con recristalización calcárea. Las cavidades negras en media-luna pueden haber resultado de la disolución de fragmentos de conchas o de restos de plantas desaparecidos al quemar la vasija. Da una textura característica al fondo de pasta. Plato o disco PUCA50, Puémape, Perú. 155x.

4.10b PUCA50 155x

Temperante de tiesto molido

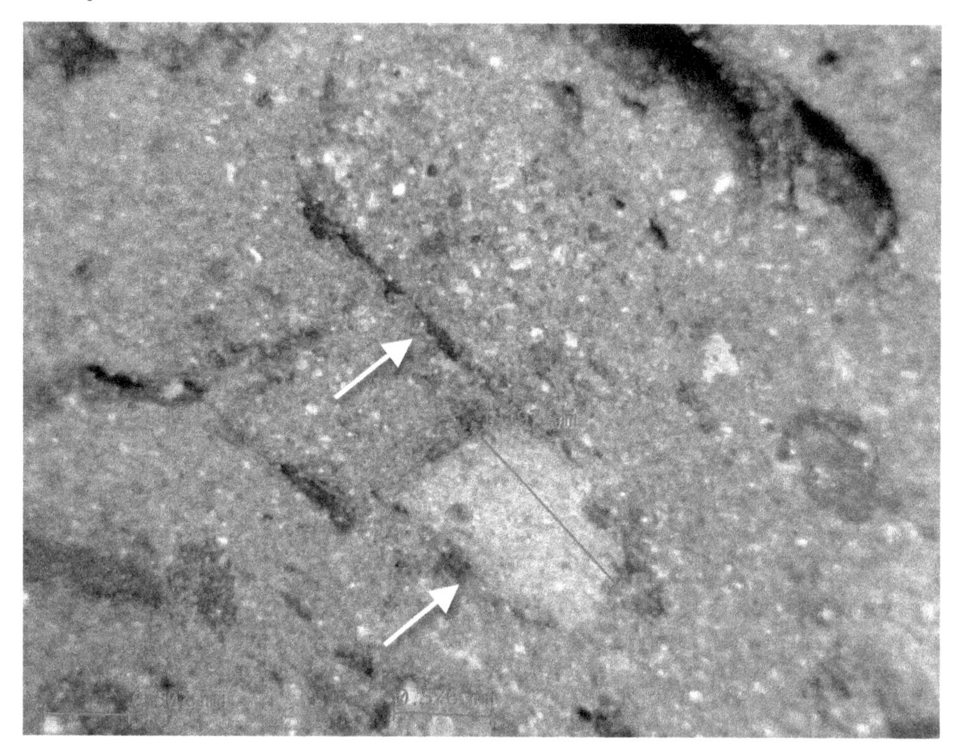

4.11 Temperante de tiesto molido, Mallard Bay #16-65, fragmento de cuerpo de vasija no decorada, Cameron County, Sur de Louisiana, EE. UU. UW-Madison Collections, Dept. of Anthropology, Jim Stoltman. Fragmento aserrado. 90x.

El tiesto molido superior (anaranjado) todavía tiene engobe en un lado. Se notan la angulosidad del fragmento y la proporción diferente de inclusiones comparativo a lo observado en la pasta, criterios de identificación de la presencia de tiesto molido. El color, la forma y la composición pueden variar de un tiesto molido al otro en la misma pasta cerámica (si se incorporó fragmentos de diferentes vasijas). También, muchas veces se nota una retracción de la pasta alrededor del tiesto (ver Whitbread 1986 para diferenciar bolitas de arcilla y tiesto molido).

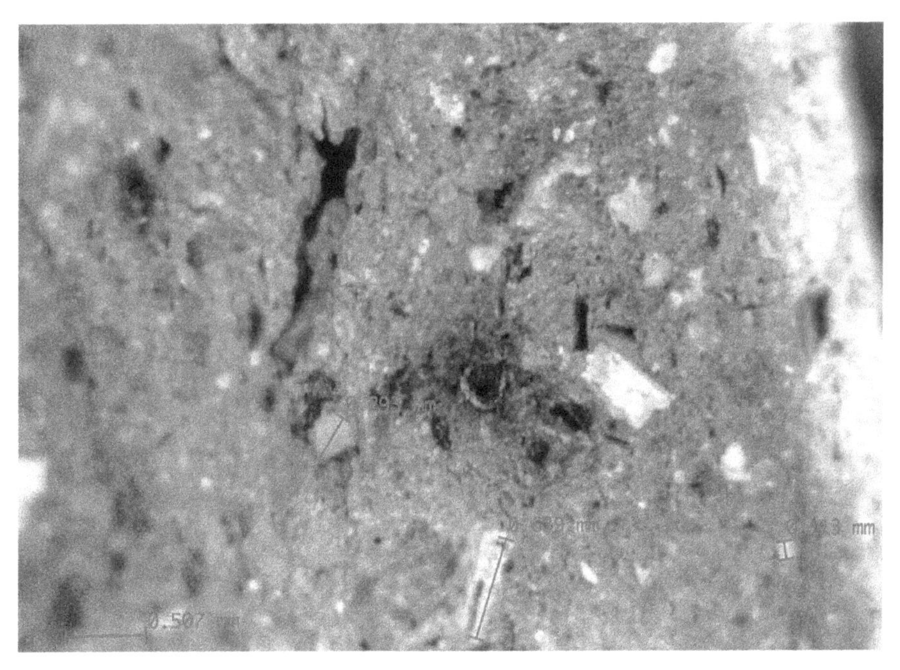

4.12 Temperante de tiesto molido, Jonathan Creek 15ML4C 90x (arriba) y 115x (abajo). Cultura Mississippi, EE. UU. Colección William S. Webb Museum of Anthropology, University of Kentucky, en préstamo a Sissel Schroeder, Dept. of Anthropology, UW-Madison. El vaso ilustrado viene de las colecciones del Dept. of Anthropology, UW-Madison. Ver Schroeder 2009 para detalles sobre Jonathan Creek.

Temperante de concha molida

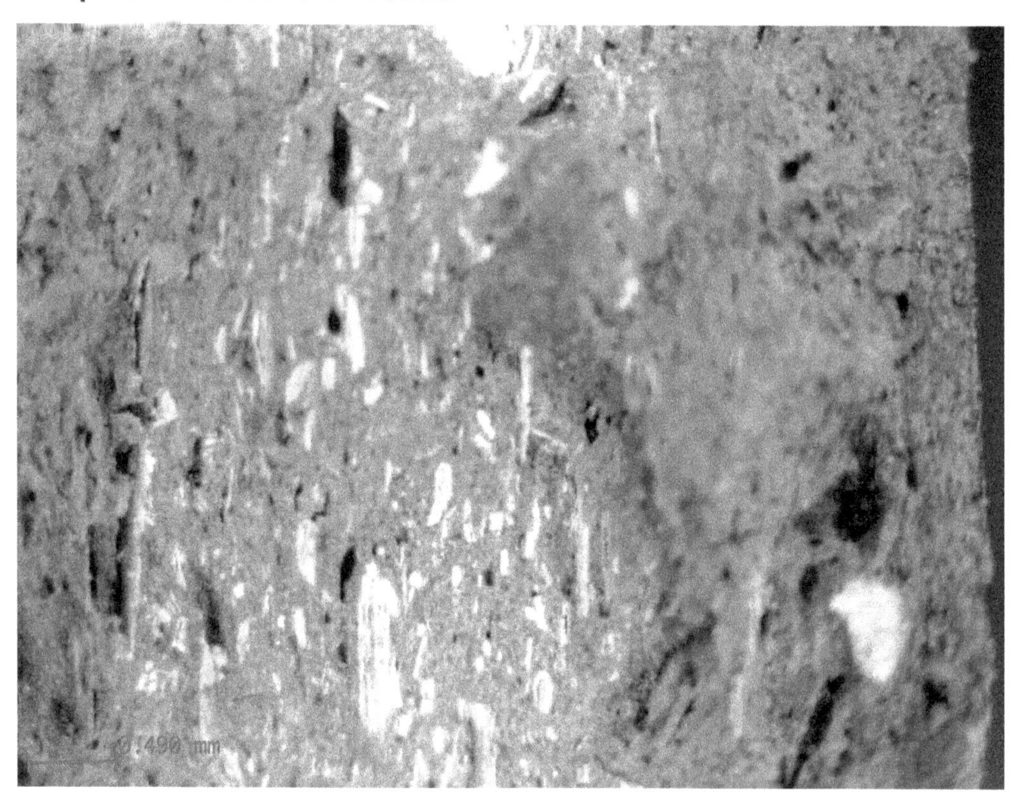

4.13 Temperante de concha molida, vasija globular con borde evertido, Illinois, cultura Mississippi, EE. UU. Véase el alineamiento de los fragmentos alargados de concha paralelos al borde de la vasija, su aspecto característico laminado y color blanco a gris oscuro. Colección William S. Webb Museum of Anthropology, University of Kentucky, en préstamo a Sissel Schroeder, Dept. of Anthropology, UW-Madison. 90x.

Temperante de roca molida

Ciertas rocas pueden molerse más fácilmente que otras, y existen modos de "ablandar" una roca, exponiéndolas al fuego por ejemplo. Si la mayoría de los litoclastos en la pasta presentan la misma composición mineral, angulosidad y rango granulométrico, uno puede suponer la adición de roca molida.

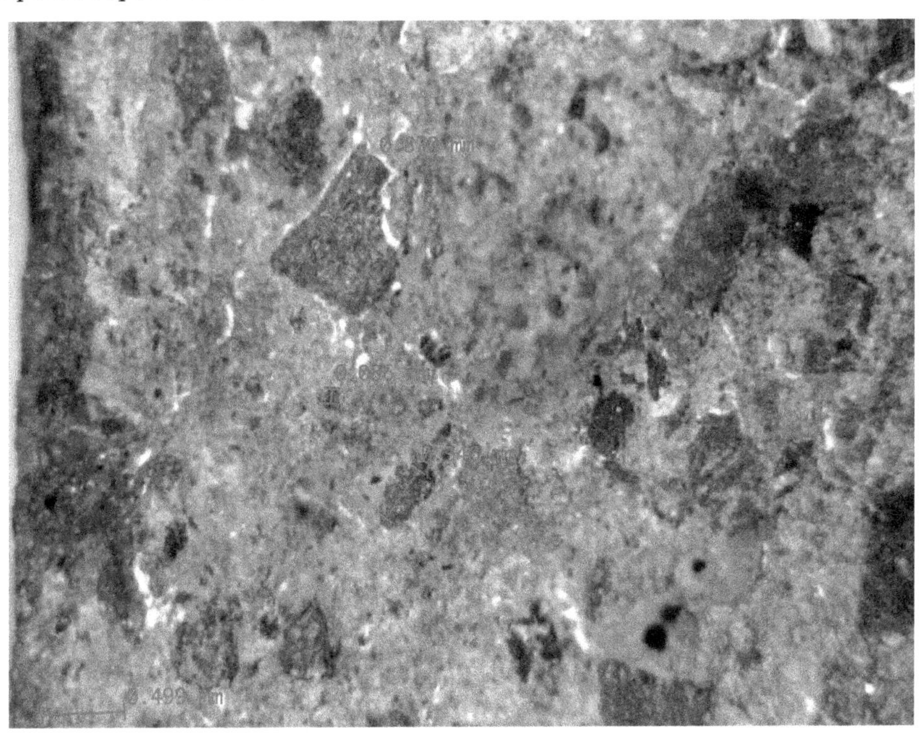

4.14 Cerámica con temperante de pizarra molida (inclusiones tabulares gris oscuras a negras) de granulometría fina a gruesa y textura foliada. La pasta no fue bien mezclada y presenta una distribución y orientación inhomogénea de las inclusiones. MAR2, olla, Marcajirca, Perú. 90x. Este mismo temperante se utiliza todavía en la producción tradicional de la zona. Abajo viene un ejemplo de una olla tradicional de Mallas y una fotografía de un perfil de cuello de jarrita donde el temperante de pizarra se ve al ojo. Según la región, lutita molida que tiene un grado de metamorfismo menor que la pizarra puede también servir de temperante.

Temperante de paja triturada

En las siguientes dos imágenes, el alfarero agregó paja triturada a la pasta. Sólo se ve ahora la huella de la paja en forma de huecos alargados (negro). También se nota la presencia de calcita como concreciones primarias (inclusiones subredondas blancas) y secundarias de recristalización, colonizando ciertas cavidades (inclusiones subredondas gris). Las vasijas no fueron totalmente oxidadas en la quema, dejando un centro gris.

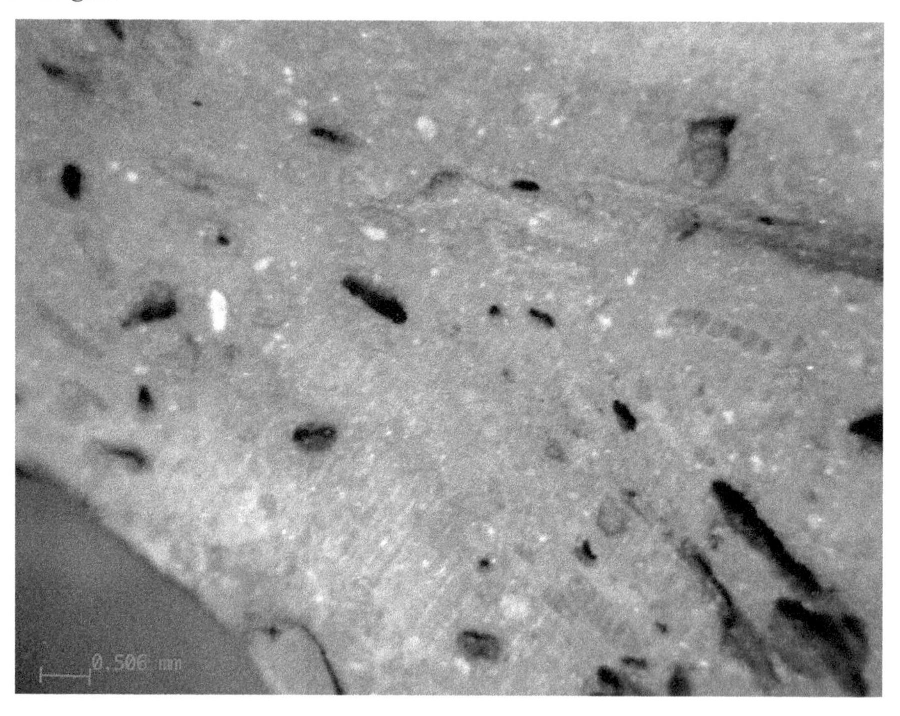

4.15 Huellas de paja, calcita y concreciones secundarias de calcita. Cuenco del periodo Dalma, Neolítico tardío, Qaleh Paswah 5, Irán, colección de Frank Hole, Yale University, EE. UU. Véase el estudio petrográfico de Yukiko Tonoike (2013, 2014) para detalles de análisis. 50x. Fotografía I. Druc 2013. Dibujo Y. Tonoike.

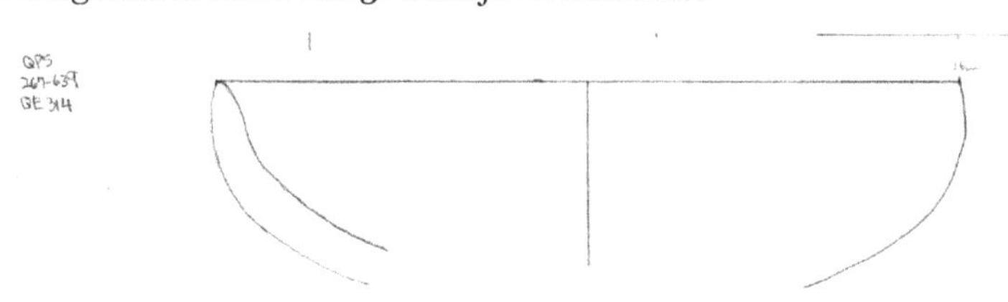

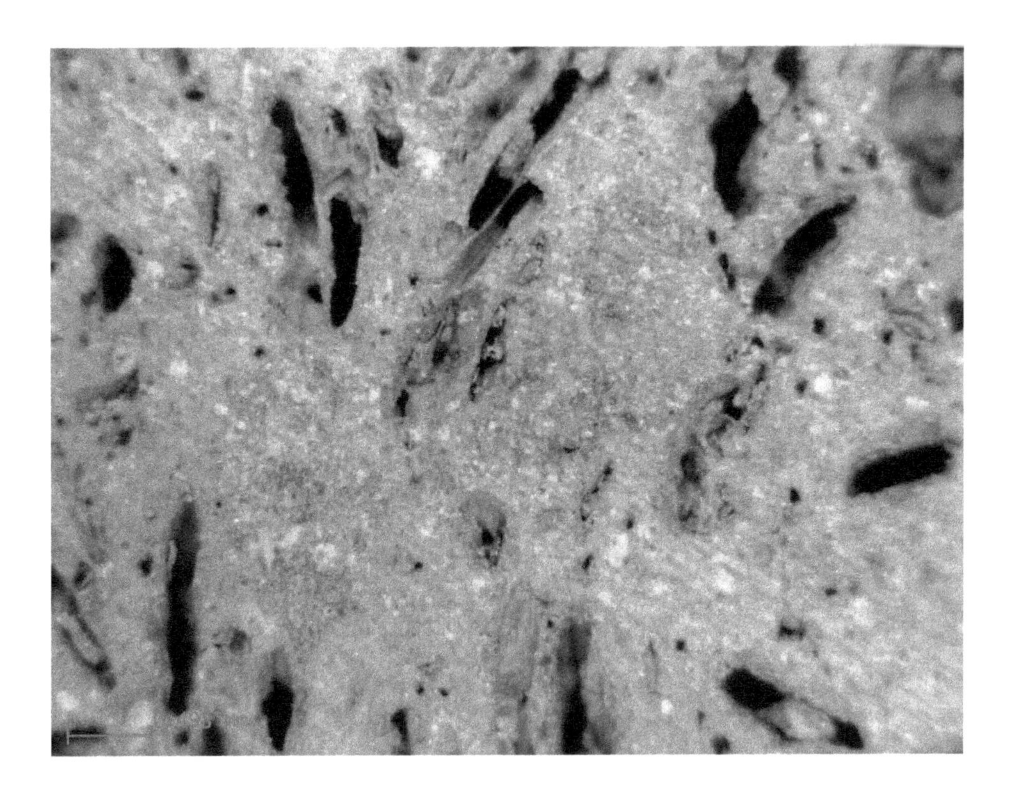

4.16 Vasija con paja molida, periodo Dalma, Neolítico tardío, Giyan, Irán. Colección de Frank Hole, Yale University, EE. UU. Huellas de paja, arcilla y limoclastos, 100x. Véase el estudio petrográfico de Yukiko Tonoike (2013, 2014) para detalles de análisis. Fotografía I. Druc 2013. Dibujo Y. Tonoike.

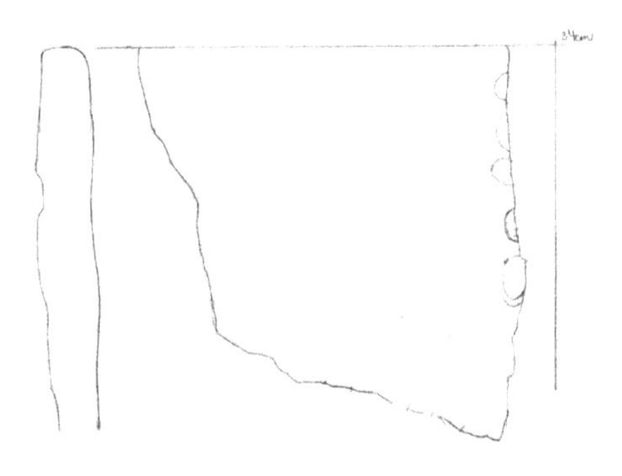

4.3 Evidencias de manufactura

El alineamiento de los granos y de las cavidades o poros en la pasta permite proponer el tipo de técnica utilizada para elaborar la vasija o la parte observada. Como varias técnicas pueden ser utilizadas para la elaboración de una misma vasija, si no podemos examinar el recipiente entero o diferentes fragmentos provenientes de distintas partes del mismo vaso (cuello/cuerpo/base), sólo podemos decir que la técnica observada fue empleada para el fragmento analizado. Abajo se ilustra la técnica del anillado (figura 4.17) y la del paleteado (figura 4.18). Ver Sjömann 1992 para una presentación de muchas técnicas de manufactura con ejemplos etnográficos ecuatorianos, lo cual ayuda para la interpretación de los datos cerámicos.

4.17 Sra Anaseta Ocaña Janampa elaborando una jarra con la técnica del anillado. Yacya, Ancash, Perú. 1997.

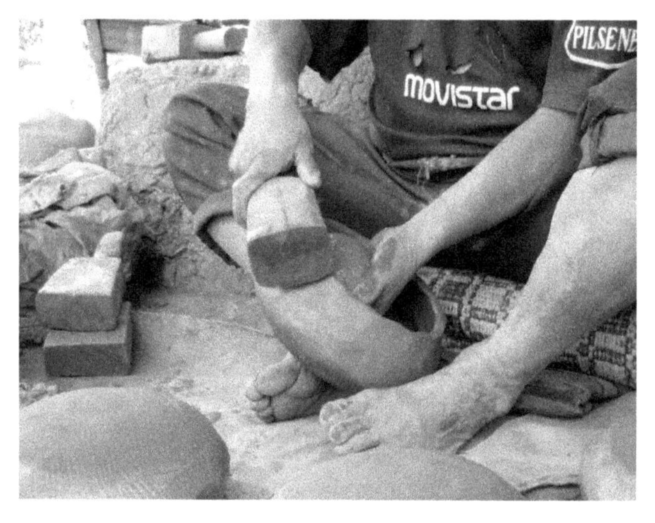

4.18 Paleteado, Sr. Miguel Tanta Aguilar, Mangallpa, Cajamarca, Perú. 2010.

4.19 El alineamiento de los granos y de las fisuras es curvilíneo, indicación de la presencia de un rollo de pasta, testimonio que parte de la cerámica se construyo con la técnica del anillado. Cuenco decorado, pasta volcánica, ID12, Kuntur Wasi, Perú. 100x.

4.20 El alineamiento de los poros y de los cristales más finos indican la presencia de un rollo de pasta en la elaboración de la vasija. Sin embargo, se puede que la tecnología de elaboración incluye la adición de uno o más rollos sólo en la parte superior. Aquí, el rollo está marcado por un pequeño pandeo en la superficie y debe haber tenido 1.6 o 2 cm de espesor. Debajo, la pared es más delgada, no se ve ningún rollo, y los poros están orientados paralelos al borde. Podría indicar el uso de una paleta para compactar, estrechar y reforzar parte de la pared. Cuerpo de botella, KW3, Kuntur Wasi, Perú. 150x/90x.

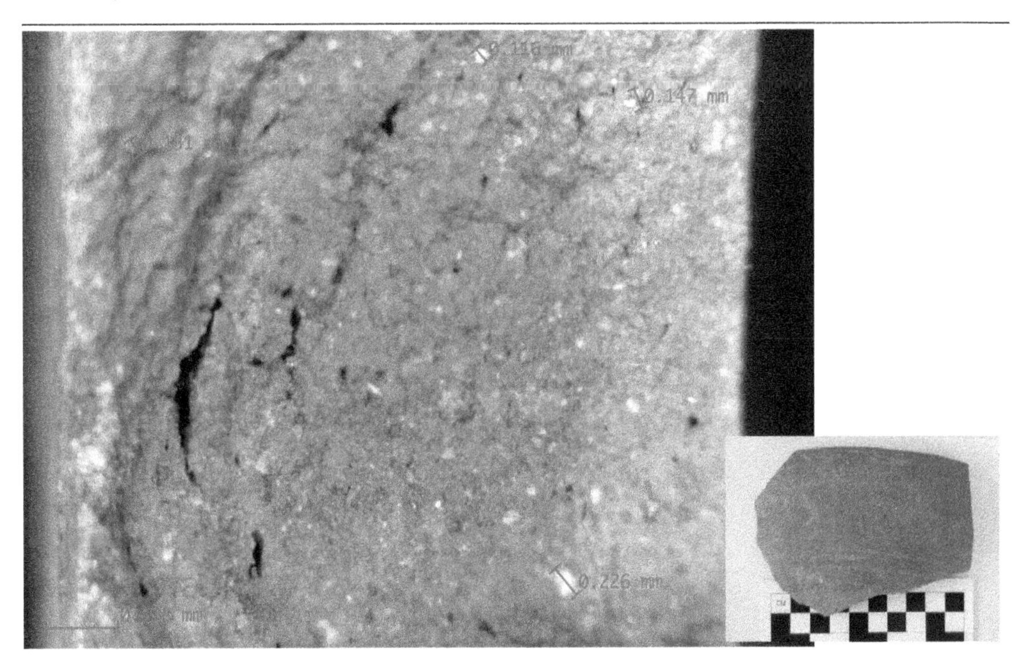

4.21 La presencia de un rollo de pasta sólo se nota en la parte externa de la cerámica, mientras que la otra fue aplanada. Cuenco CP35, Kuntur Wasi, Perú. 90x.

4.22 El alineamiento de los poros y de muchas inclusiones paralelo al borde sugiere el uso de una técnica de elaboración que implica una presión fuerte para dar la forma a la vasija (paleteado, placas, moldeado). Cuenco KW64p, Kuntur Wasi, Perú. 85x.

4.4 Texturas de pasta

Pasta muy fina y compacta

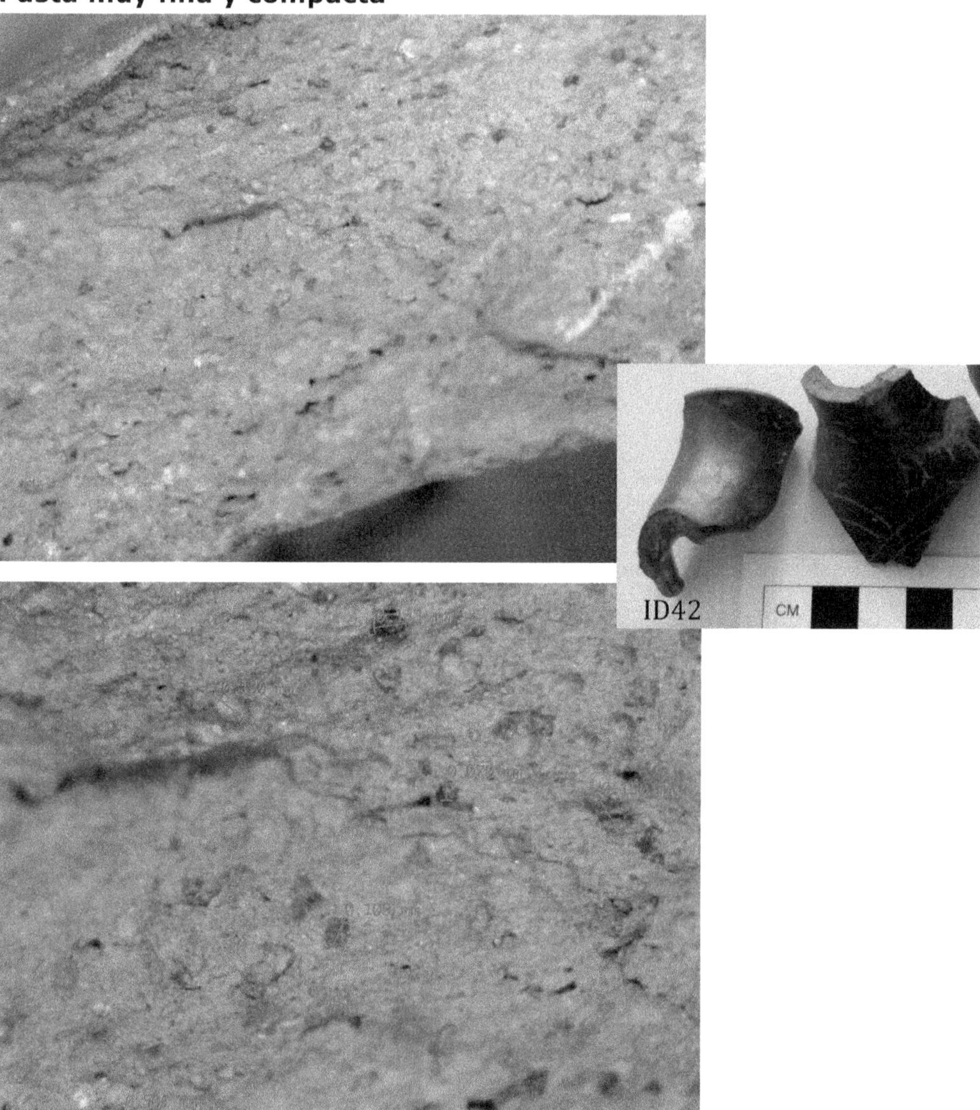

4.23 Botella ID42. Kuntur Wasi, Perú. 80x (arr), 165x (aba). El carácter unimodal de los granos (un solo tamaño) sugiere que el alfarero no agregó antiplástico o que preparó su pasta por decantación o con cernidor para eliminar las fracciones mediana y gruesa de su material. La distribución equilibrada de las inclusiones, ausencia de cavidades y compacción indica un buen nivel de amasado de la pasta. Textura microgranulosa de la matriz arcillosa.

Pasta mediana y granulometría controlada

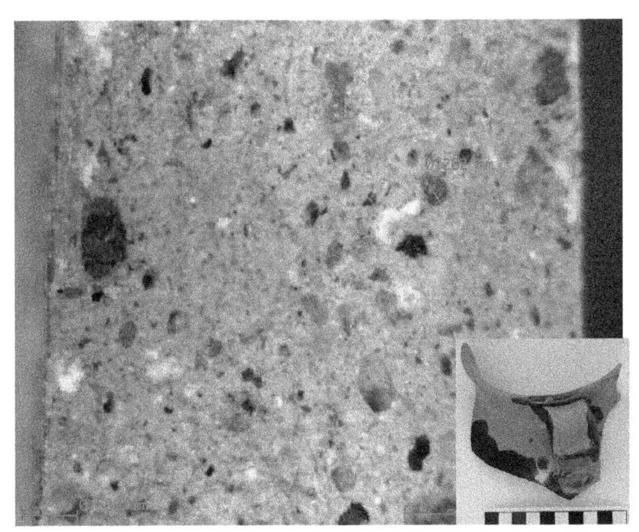

4.24 Arena con eliminación de la fracción gruesa por decantación o con cernidor. Los granos son bien distribuidos en la matriz, la pasta es compacta, sin cavidades, indicando un buen trabajo de amasado. La composición mineral consiste en cristales de cuarzo y plagioclasa (granos blancos subangulosos a subredondos), granos de óxido de hierro (rojo-anaranjados) y minerales máficos (granos finos marrones oscuros prismáticos o alargados). Olla, Toluca, México. 85x.

Pasta gruesa, composición y granulometría mixtas

4.25 Pasta gruesa sin orientación de las inclusiones, tanto cerca del borde (lado superior derecho) como en el centro de la vasija. Se notan algunas grandes cavidades alargadas. Olla, producción tradicional, Marcará, Ancash, Perú. 90x. El uso de un material grueso da fuerza a la olla. La ausencia de orientación de los granos en superficie de la olla, a pesar de ser producida con la técnica del paleteado, resulta del tipo de material utilizado y de un trabajo expeditivo. El carácter fino o grueso de una pasta depende de la vasija a producir, del tamaño y función de la pieza, de los componentes utilizados y de la tradición tecnológica a la cual pertenece el alfarero. Las pastas gruesas no necesariamente indican un trabajo inferior, sino un buen conocimiento de los requisitos para la producción.

4.5 Engobe

4.26 Un engobe rojo anaranjado muy fino se observa en las superficies interior y exterior de este fragmento. La cerámica fue quemada en ambiente reductor y sólo una oxidación breve ocurrió al final de la quema (franja clara con límite difusa hacia el interior), probablemente durante el ciclo de enfriamiento. La composición de la pasta consiste en cristaloclastos finos de cuarzo y feldespato con menor cantidad de litoclastos félsicos, pocos óxidos (anaranjados) y minerales máficos. La película blanca en superficie resulta de un depósito post-uso. Cuenco CP65 Kuntur Wasi, Perú. 85x. Fragmento cortado con sierra.

La presencia de engobe o de pintura normalmente se nota por un límite claro y regular con la pasta del cuerpo de la cerámica. Puede presentar una composición similar al fondo de pasta si está producido con la misma arcilla y generalmente las inclusiones, si hay, son de granulometría muy fina.

4.27 Engobe fino lado exterior, franja oxidada e interior reducido. Notar el limite difuso de la franja oxidada y la misma composición y granulometría que el interior de la pasta. El engobe es más compacto, con diferente color y granulometría muy fina, con límite preciso con el cuerpo de la vasija. Cuenco KW66bp, Kuntur Wasi, Perú. 85x.

4.28 Producción sin engobe, cuerpo reducido y oxidación superficial exterior, con superficie solamente pulida. Notar la diferencia con la imagen anterior. Botella CP84p Kuntur Wasi, Perú. 85x.

4.29 La capa negra exterior muy fina resulta posiblemente de la adición de un engobe con manganeso (a confirmar con un análisis de los elementos químicos por microscopio electrónico de barrido). Similar aspecto negro podría resultar del uso de grafito o depósito intencional de carbón (hollín). Pico de botella KW94p, Kuntur Wasi, Perú. 65x.

4.6 Quema

Muchas variables afectan el resultado de una quema y el color de una pasta. Una atmósfera oxidante normalmente produce una cerámica de color rojizo o pardo, según la cantidad de hierro en la pasta. Pero diferencias de color pueden existir entre el centro y la superficie de la vasija, en particular si el material orgánico naturalmente presente en muchas arcillas no se quemó. Esto depende de la temperatura de cocción, pero también de cuanto tiempo duró la quema, de la porosidad de la pieza, de la granulometría, composición mineral y de la cantidad de oxígeno en el ambiente. Hay arcillas que carecen de material orgánico pero ya están oxidadas. En este caso, una quema en atmósfera oxidante no afectará el color de la pasta, pero cambiará en atmósfera reductora, logrando un centro claro o rojizo y una superficie oscura. Para lograr una atmósfera reductora se necesitan condiciones que impidan el acceso del oxígeno para las reacciones químicas de transformación del material orgánico y del hierro presentes en la pasta. Un modo de crear una atmósfera reductora es tapando la cerámica con aserrín. Ver Rye (1981) para la interpretación de diversos contextos de quema, o Velde y Druc (1999: 122-128) para una explicación de los efectos de oxidación-reducción y cambios observados.

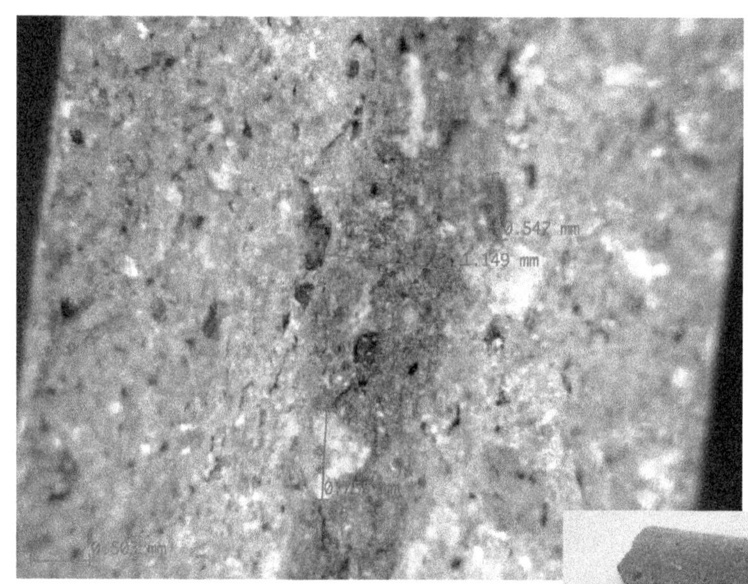

4.30 Oxidación incompleta del material orgánico que dejó un centro negro. Olla KW18, Kuntur Wasi, Perú. 80x. Quema en atmósfera oxidante.

4.31 Los colores de la pasta resultan de un acceso diferencial al oxígeno durante la quema, con acceso restringido al interior de la botella, logrando un cuerpo medio reducido, medio oxidado. La superficie exterior es de color marrón oscuro y bien pulida. La superficie interior es irregular. La parte superior de la fotografía muestra la diferencia entre la pasta fresca y el depósito que oculta la superficie. Cuerpo de botella, decoración incisa, Pallka, Perú. 100x.

4.32 Quema en atmósfera oxidante. El borde negro no resulta de la quema inicial sino de la exposición frecuente al fuego como olla para cocinar, lo que dejó una capa de hollín en la superficie de la vasija. Olla tradicional. Musho, Ancash, Perú. 90x.

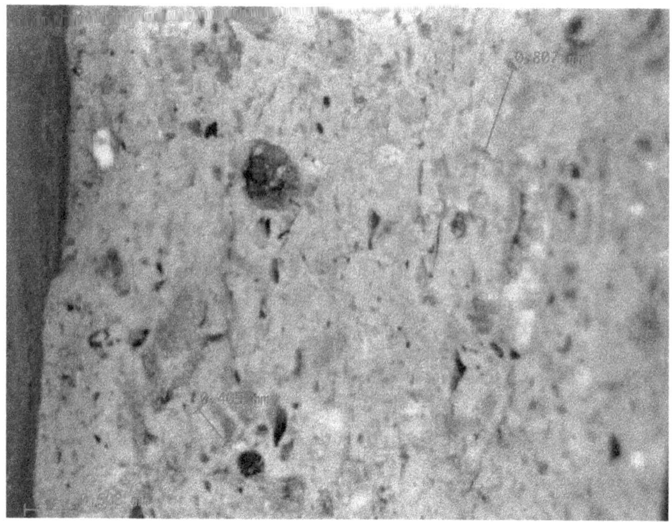

4.33 Quema en horno, olla tradicional, Cajamarca, CA7, Taller Manya. 90x. A pesar de haber sido quemada en un horno cerrado, la pasta está en gran parte oxidada. Esto se debe en parte a una temperatura alta, al tipo de arcilla utilizada y a la cantidad de oxígeno presente en el horno. El centro claro hasta blanco de esta cerámica indica que la arcilla o los materiales utilizados eran pobres en hierro o material orgánico. Pasta rica en cuarzos y plagioclasas, con cristales de biotita y hornblenda, y fragmentos de cuarcita en menor cantidad. Presencia de engobe (lado exterior a la izquierda).

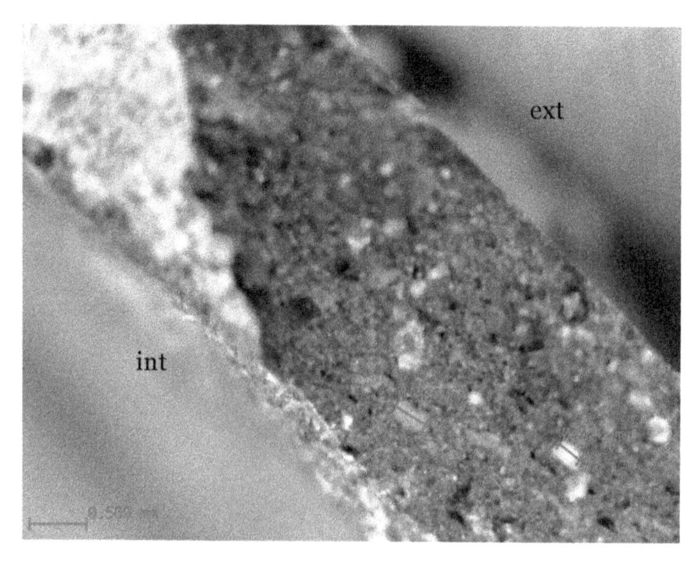

4.34 Quema neutral (sin exceso o carencia de oxígeno). Produce un color uniforme de pasta. Cuerpo de botella KW92p, Kuntur Wasi, Perú. 85x. Fotografía del lado interior con depósito (abajo).

5. ANÁLISIS DE IMÁGENES

I. Druc

5.1 Grupo 1: Pasta rica en cristales subredondos de cuarzo, feldespato (a, K), plagioclasa y minerales máficos, granulometría homogénea y fina, casi sin litoclastos. PU120, Puémape, 135x.

5.1 Protocolo de análisis de pastas frescas

Uno de los objetivos del análisis de pasta de un corpus cerámico es descubrir recurrencias mineralógicas y texturales que permiten agrupar las cerámicas que muestran las mismas similitudes y aislar las que parecen diferentes. Luego se elijen fragmentos en cada grupo para un análisis más fino, petrográfico o químico, que permite describir o corroborar la composición de cada grupo. Estos grupos se pueden comparar con variables formales, estilísticas, estratigráficas, espaciales u otras, y servir de base para una reflexión sobre tecnología, producción cerámica y procedencia. Sin embargo, la problemática de identificar lo local de lo alóctono debe apoyarse en gran parte sobre el estudio adicional de material comparativo, geológico, etnográfico y/o arqueológico (vg. comparación con otras cerámicas de sitios de mismo periodo).

El protocolo propuesto aquí sólo se relaciona con la primera parte del estudio de las cerámicas, o sea de las pastas frescas observadas con lupa. El mismo suele ser adaptado a cada problemática y proyecto. Al principio es necesario mirar con lupa brevemente muchas cerámicas para estimar la variabilidad presente en el corpus de análisis. Luego se decide cuales criterios definen un grupo (vg. pasta de composición en su mayoría félsica con granulometría gruesa, pasta con muchos litoclastos, granulometría bimodal, etc.). Se agrupan las cerámicas según estos criterios o similitudes visuales generales, formando grupos iniciales, ilustrados por un fragmento representativo, como por ejemplo en la figura 5.1 y la descripción del grupo 1 arriba. Se afina la clasificación, mirando de nuevo cada grupo, verificando la consistencia composicional del grupo, segmentándolo o creando otro grupo o subgrupo. Es un proceso iterativo que evoluciona con el conocimiento del corpus y los fragmentos cerámicos que se van analizando. Hace muchos años Matson (1970: 595) y Rye (1981: 50) propusieron preparar fichas de referencia, pegando un trozo de un fragmento-tipo para ilustrar cada grupo. Ahora, se hace lo mismo, pero en digital, con una fotografía y la descripción de las características del grupo. La descripción suele ser clara para que otros investigadores puedan hacer la clasificación también. Si es necesario, se pueden agregar más fotografías para ilustrar la variabilidad interna de un grupo.

Cuando los grupos son definidos, la atribución de nuevos fragmentos es rápida. Luego, se procede al análisis de cada grupo. Se notan el tipo/estilo/forma de las cerámicas que lo constituyen, cual es la variabilidad interna, cuantos fragmentos hay de cada tipo, etc. En resumen:

1. Para cada nivel, unidad o contexto, mirar con la lupa digital la pasta de las cerámicas y agruparlas según sus similitudes mineralógicas y texturales. Para ello, extraer un trozo pequeño del fragmento (vg. con tenaza) para obtener una superficie fresca, sin contaminación o depósito que podrían dificultar la observación. Con lupa digital, la imagen se ve directamente en la pantalla de la computadora por una conexión USB.

2. Anotar en un cuadro Excel, por ejemplo, la cantidad de fragmentos de vasijas por grupo composicional, y de fragmentos por forma y estilo en cada grupo.

3. Tomar fotografías de la pasta de al menos un ejemplo por grupo composicional. Cuando más variabilidad interna, más fotografías se necesitan para ilustrar el grupo. Tomar también una fotografía de la superficie exterior e

interior de la cerámica con una cámara fotográfica. Bien archivar las fotografías, notando además el aumento al cual fue tomada la fotografía de la pasta.

4. Anotar las observaciones, las similitudes o diferencias que se ven, y cualquier información pertinente. Pueden ser útiles más tarde para la descripción general del grupo o la comparación intergrupo. La mente trabaja mejor que una computadora, pero la memoria no.

5. Utilizar un programa de análisis de imágenes para poner una escala métrica (0.500 mm por ejemplo) en las fotografías de las pastas (esquina izquierda o derecha) y medir algunos granos (finos, medianos, gruesos). Permite luego una estimación rápida del porcentaje de granos en la pasta por clase granulométrica. Para la escala o cuando se mide un grano, tratar de no cubrir elementos diagnósticos que permiten identificar el mineral o litoclasto (ver figura 5.2). Se puede trazar la línea de medición al lado del grano si es necesario. Un programa de análisis de imágenes normalmente viene con la lupa digital. Es bueno salvar las fotografías anotadas en un archivo separado del programa del microscopio. A veces, el programa no registra en el mismo archivo las notas y las imágenes, y si la dirección donde se ha salvado el título y las notas para la fotografía está desconectada de la imagen, se "pierde" la información. El formato tiff ofrece más resolución que un formato jpeg pero pesa más (vg. 35 MB en vez de 3 MB en jpeg).

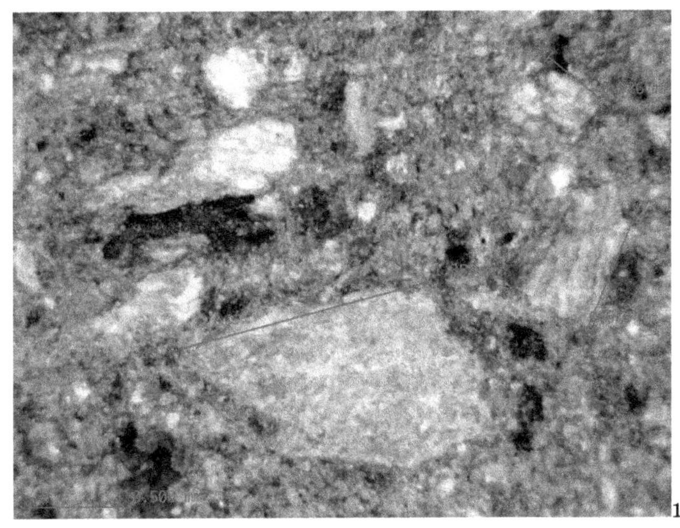

5.2 Ejemplo de anotación de la imagen. Medidas al lado del grano o sobre el mismo según la modalidad de trabajo. Fragmento de olla de Sorkun, Turquía.

6. Identificar uno o más fragmentos por grupo, forma y estilo, para ser preparados en lámina delgada para análisis petrográfico (o para otro estudio). Esto permite ver posibles diferencias de pasta según la función o el estilo de la vasija. El fragmento suele ser bastante grande para sacar un corte (mínimo de 2 cm x 2 cm, o 3 cm x 1.5 cm). El corte es muy delgado y la lámina resultante no pasa los 30 micrones, pero para hacerlo se necesita el uso de ciertas máquinas y una buena maestría de la técnica. Es recomendado dejar este trabajo a una persona experta. De igual modo, el análisis petrográfico necesita el uso de un microscopio con mayor aumento y luz transmitida y una formación especial.
7. Se puede dibujar una línea en el fragmento para indicar exactamente donde el arqueólogo quiere el corte. Mejor elegir fragmentos donde el corte no dañe ningún elemento diagnóstico. Es bueno poder sacar un corte del perfil de la cerámica, incluyendo el borde para poder observar diferencias de manufactura.
8. Separar los fragmentos para análisis petrográfico o químico, con archivo fotográfico (pasta y superficie) e identificación completa, incluyendo el número de bolsa u otra información que permita devolver lo que queda del fragmento cortado a su bolsa. También dejar una nota en la bolsa de donde se sacó el fragmento para análisis, apuntando el número de identificación, la forma, estilo, fecha y nombre de la persona que hizo la selección.

5.2 Ejemplo de análisis cuantitativo de imágenes

Las lupas digitales ahora vienen con programas básicos de tratamiento de las imágenes, con posibilidad de medir los elementos fotografiados y anotar la imagen. Normalmente, no ofrecen programas de análisis cuantitativo de las imágenes, pero hay varios programas accesibles vía el Internet. Los programas para geólogos son los más adaptados a la problemática de análisis de las pastas cerámicas. Por ejemplo JMicrovision es un programa creado por Nicolas Roduit (www.jmicrovision.com) y es libre de acceso. Como lo requiere la ética profesional y académica, hay que respetar los derechos de autor y citar la fuente del programa o texto utilizado. Estos programas permiten contabilizar inclusiones en función de su dimensión, medir la angulosidad o sacar el área total de granos relativos al fondo de pasta. Son procesos semiautomáticos donde el operador debe intervenir tanto en las decisiones de las categorías a analizar que en la identificación de que grano hay que medir y como medirlo.

Los minerales félsicos (blancos) presentan un contraste grande con el fondo de pasta (vg. marrón) y se pueden contabilizar con un programa de reconocimiento basado en el color, pero esto no es tan fácil con los minerales máficos (negros, verdes oscuros) a menos que el fondo de pasta este claro. Varias veces, es más fácil y rápido medir manualmente 200-300 granos. Se extiende una línea a lo largo del grano y el programa mide el tamaño o el área y lo pasa a un cuadro Excel. Este tipo de análisis permite evaluar el porcentaje de ciertas categorías de granos o hacer comparaciones objetivas entre cerámicas o grupos de pastas. Varios artículos presentan esta tecnología aplicada al análisis de las cerámicas en láminas delgadas (vg. Livingood y Cordell 2009, 2014; Middleton *et al.*, 1991; Reedy 2006; Whitbread 1991).

5.3 Caso ilustrativo

El ejemplo presentado abajo ilustra brevemente lo que se puede hacer con un programa de análisis que utiliza imágenes de pasta fresca tomadas con lupa digital. El análisis y los histogramas se hicieron con el programa JMicrovision (Roduit 2002-2008 www.jmicrovision.com). Las medidas de los minerales y litoclastos es dada en milímetros (eje X). El eje Y da el puntaje de granos del mismo tamaño.

Los dos histogramas abajo (figuras 5.3a y 5.4) ilustran el rango granulométrico de dos cerámicas del sitio de Kuntur Wasi, Perú basado en la medida de unos 200 granos en el área fotografiada. El programa permite desplazarse manualmente o automáticamente con cierto intervalo dentro de un área o a lo largo de un eje y medir el grano localizado en este punto. Se puede implementar el programa para hacer un análisis modal: medir o contar los granos por categorías según su composición y tamaño (cuarzos, feldespatos, micas, anfíboles, líticos, etc.). Un análisis modal toma bastante tiempo y se justifica más en petrografía donde se puede identificar bien la composición mineral. Se puede hacer para un análisis macroscópico con pastas frescas de modo restringido sólo para categorías como félsicos, máficos, líticos, u otro componente de fácil identificación (ver ejemplo en la figura 5.3b).

Las fotografías de la pasta junto a los histogramas fueron tomadas a un aumento 160x y las anotaciones (medidas y escala) fueron hechas con el programa Dino-Lite. Estas medidas sirvieron para calibrar el análisis granulométrico para la misma imagen en el programa JMicrovision (Roduit 2002-2008). Una pasta homogénea permite medir menos granos que para pastas más gruesas que requieren más medidas para tener una visión representativa de la granulometría.

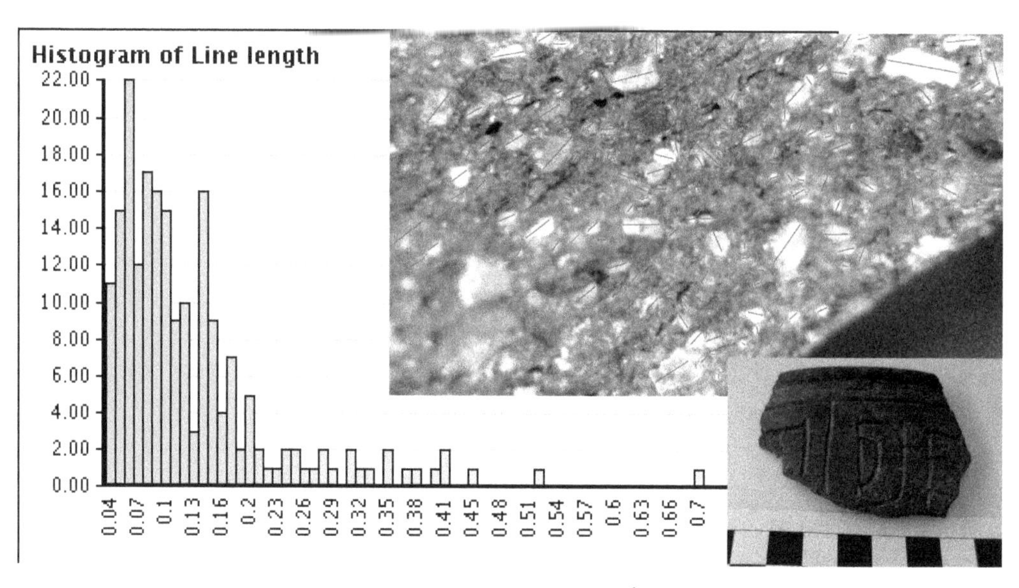

5.3a Histograma ID10, cuenco, Kuntur Wasi, Perú. Área 17.45 mm2. Pasta mediana. Hecho con el programa JMicrovision (Roduit 2002-2008).

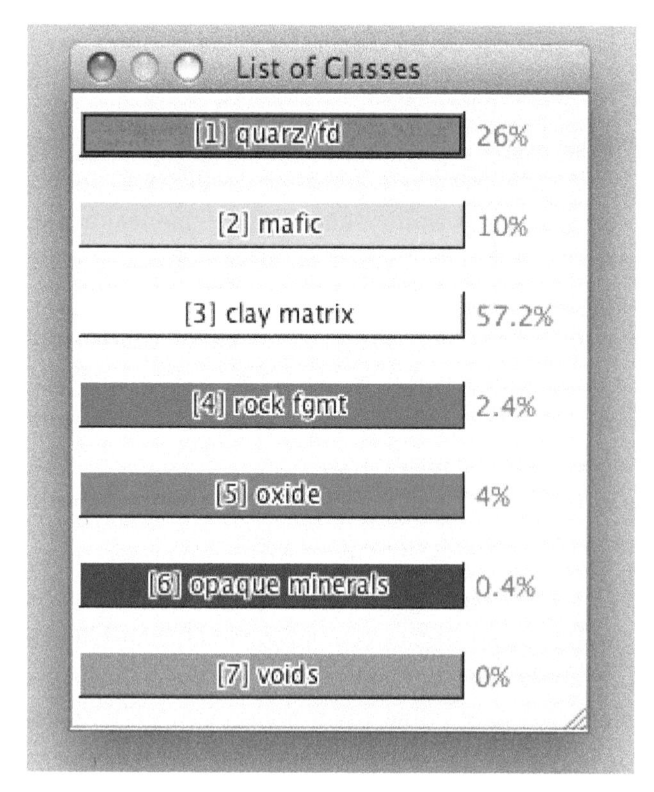

5.3b Resultado del análisis modal de 250 puntos (point counter) con el programa JMicrovision (Roduit 2002-2008).

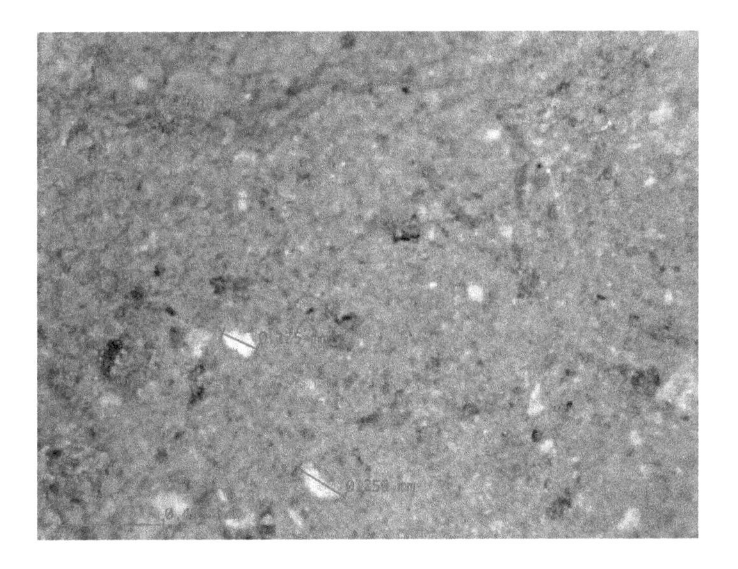

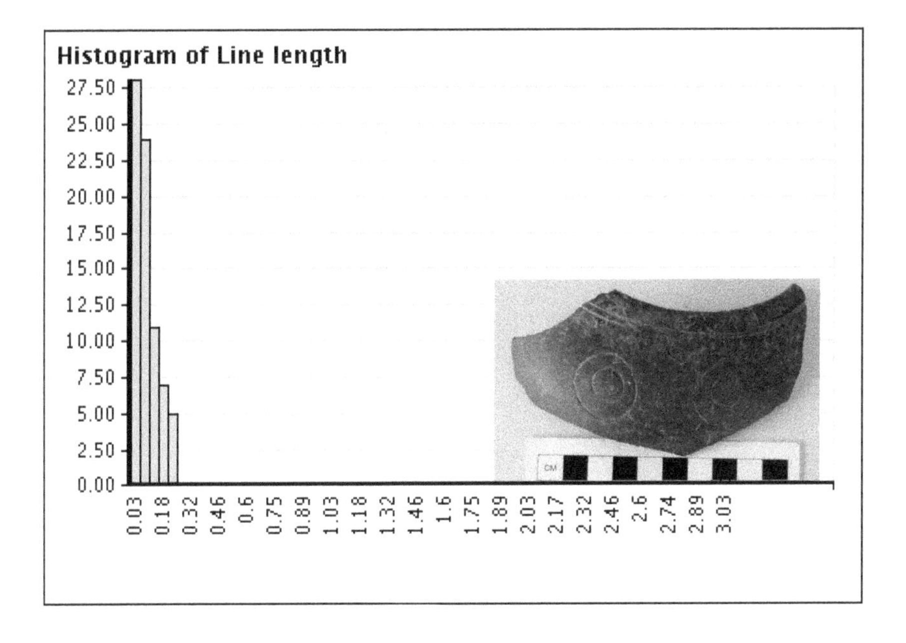

5.4 Histograma CP4, cuenco, Kuntur Wasi, Perú. Área 20.06 mm2. Pasta fina. Hecho con el programa JMicrovision (Roduit 2002-2008).

APÉNDICE

Sitios arqueológicos y lugares de producción cerámica mencionados en este manual y bibliografía relevante.

Ancón
Complejo arqueológico de la costa central de Perú, Provincia de Lima. Fue identificado como una importante necrópolis, y un pueblo pesquero ocupado entre 1800 y 300 a.C.
Druc *et al.* 2001; Rosas La Noire 2007; Willey y Corbett 1954.

Cajamarca (ciudad)
Capital del departamento del mismo nombre, la ciudad de Cajamarca se sitúa en los Andes del norte de Perú a 2700 m.s.m.m. Los productores de cerámica se encuentran principalmente en dos barrios de la ciudad: en el barrio de Mollepampa donde se produce cerámica utilitaria hecha con doble molde (antiguamente con paleteado), y en el sector de Cruz Blanca al norte de la ciudad, con artesanos especializándose en cerámica decorativa y utilitaria.
Druc 2011.

Calpoc/Cunca
Dos caseríos en los valles de Sechin y Casma en la costa central de Perú, donde unos pocos alfareros aislados producen de modo ocasional. Cunca: valle bajo de Sechín, producción con arcilla de un canal comunal y temperante de arena del río. Calpoc: valle alto de Casma, producción sin temperante. Departamento de Ancash, Perú.
Druc 1996.

Giyan
Sitio con restos de ocupación (niveles tempranos) y tumbas (niveles tardíos), con fechas desde el Neolítico tardío hasta las primeras dinastías de Babilonia (mitad del 5to hasta el 1r milenio a.C.). Provincia de Lorestan, Oeste de Irán.
Tonoike 2013, 2014.

Huanbei
Huanbei precedió a Yinxu como centro-ciudad de la dinastía Shang (siglo 13 a.C.), China. Su palacio-templo de 42 ha fue destruido 50 años después de haber sido construido.
Stoltman *et al.* 2009; Stoltman 2014.

Jonathan Creek 15ML4C
Sitio de la cultura Mississippi, ocupado entre 1200 y 1300 d.C. en el oeste del estado

de Kentucky, EE. UU. Grande centro público (*town-and-mound center*) con siete montículos, plazas, casas y estacada defensiva.
Schroeder 2009.

Kuntur Wasi
Sitio ceremonial del Formativo peruano, primer milenio a.C., en los Andes nor-centrales de Perú, a 2300 m.s.n.m., Distrito de San Pablo, Departamento de Cajamarca. Cuenta con cuatro niveles de ocupación, los cuales abarcaron más o menos 900 años.
Druc *et al.* 2013; Inokuchi 2010; Onuki *et al.* 1995; Onuki e Inokuchi 2011.

Mallard Bay Isle
Conchal (Shell midden) de la cultura Coles Creek/Mississippi (700-1200 d.C.), en Cameron County, al sur del estado de Louisiana, EE. UU. Se encontró cerámica estampada con decoración compleja que fue parte de un estudio donde se evaluó si son las paletas o las vasijas que se movían.
Ver Saunders y Stoltman 1999 al respecto.

Mangallpa (Cuscuden)
Centro de producción cerámica en el Distrito de San Pablo, Departamento de Cajamarca, Perú. Se produce cerámica paleteada utilitaria con desgrasante piroclástico volcánico. Los alfareros de Mangallpa son itinerantes parte de la temporada de producción.
Druc 2011.

Marcajirca
Sitio defensivo de altura, a 3800 m.s.n.m., ocupado desde el Intermedio Tardío de Perú (1000 a 1430 d.C). hasta el final de la época colonial (*circa* 1640 d.C.), en el Callejón de Conchucos, Departamento de Ancash. Tiene un sector ceremonial o publico, un sector funerario con chullpas y un sector residencial.
Ibarra 2003.

Mallas/Yacya/Acopalca
Centros de producción de cerámica utilitaria, Callejón de Conchucos, Departamento de Ancash, Perú. Ya no se produce cerámica en Mallas. Técnica del anillado y desgrasante de pizarra molida. Ocupación femenina para la elaboración, con participación masculina para recolectar y preparar los materiales y quemar las vasijas.
Druc 1996, 2005.

Mina Clavero

Lugar de producción cerámica, en el Valle de Traslasierra, Provincia de Córdoba, Argentina. Pocos alfareros siguen con la tradición. Se utiliza la técnica del anillado. Ver el documental muy interesante sobre Alcira y Jesús Tomás López producido en 1965 por Raymundo Gleyzer (Gleyzer y Montes de Gonzales 1965) y el documental sobre Atilio López, su hijo, filmado en 2001 (Druc 2012).

Marcará/Musho/Pariahuanca/Cancharumi

Lugares de producción de cerámica utilitaria tradicional, Callejón de Huaylas, Departamento de Ancash, Perú. Ahora sólo hay algunos alfareros que producen en estos sitios. El centro de producción mayor del Callejón es Taricá. Utilizan la técnica del paleteado y dos o más tierras distintas para preparar la masa.
Druc 1996; Druc y Gwyn 1998.

Sorkun

Centro de producción cerámica en Anatolia central, entre Esquisehir y Ankara, Turquía. Cerámica utilitaria producida con la técnica del anillado. Desgrasante de esquisto micáceo y yeso. Ocupación femenina para todas las etapas de la producción.
Druc 2008.

Pallka

Centro ceremonial del Formativo de Perú (primer milenio a.C.), con área residencial y cementerio, Valle de Casma, Costa nor-central, Departamento de Ancash, Perú.
Druc 1998.

Puémape

Sitio arqueológico Formativo del litoral norteño de Perú, Departamento de La Libertad. Sitio afiliado a la cultura Cupisnique. Cuenta con un centro ceremonial, áreas de actividad doméstica y cementerios.
Elera 1998.

San Marcos Acteopán

Centro de producción de cerámica utilitaria con molde, Estado de Puebla, México. Se utiliza una sola materia prima, decantada para separar las fracciones finas y gruesas, las cuales vuelven a ser mezcladas pero en proporciones controladas según la vasija a producir.
Druc 2000.

Qaleh Paswah 5 Irán

Sitio en el valle de Qaleh Paswah, cercano al lago Urmia, Irán. El sitio tiene

ocupaciones que datan de la epoca Dalma (Calcolítico - 6to milenio a.C.) e Islámica.
Tonoike 2013, 2014.

Xiaomintun
Sitio dónde se encontraron más de mil tumbas de la dinastía Shang (2do milenio a.C.), en la ciudad moderna de Anyang, Provincia de Henan, centro norte de China. Varios individuos parecen haber sido vinculados a la producción de objetos de bronce.
Yinxu Xiaomintun Archaeological Team 2009.

Yinxu/Anyang
Ultima capital de la dinastía Shang, ocupada entre 1200 hasta 1047 a.C., localizada cerca de la ciudad moderna de Anyang, Provincia de Henan, centro norte de China.
Stoltman *et al.* 2009; Stoltman 2014.

GLOSARIO

arcilla: refiere a un conjunto de minerales (montmorillonita, ilita, esmectita, etc.) compuestos de filosilicatos de aluminio, de tamaño inferior a 2 µm (0.002 mm). Cuando mezclada con agua da un material plástico que endurece cuando se seca y se quema. Los depósitos y las fuentes de arcilla explotados por los alfareros tradicionales son raramente puros y pueden llevar inclusiones naturales orgánicas y minerales de tamaño fino a grueso.

antiplástico: material no plástico, que no tiene las características o el tamaño de las arcillas, inclusiones naturales en el material arcilloso utilizado por el alfarero y de tamaño superior a una arcilla.

cerámica: en este manual, término muy general para toda vasija u objeto hecho con arcilla y antiplásticos, transformado en un material duro por la quema.

clasto: fragmento.

clástico: hecho de fragmentos (de roca o minerales).

decantación: proceso de separación de los materiales dejándoles reposar. Se sedimentan según su granulometría y peso.

desgrasante: material agregado por el alfarero a la base arcillosa, utilizado para moderar la plasticidad de la pasta. Sinónimo de temperante.

detrítico (sedimento): material suelto desprendido de las rocas y minerales de superficie por proceso de erosión.

engobe: una colada hecha a partir de arcilla y agua, utilizada como tratamiento de la superficie de una cerámica.

félsico: en geología se utiliza para describir ciertos minerales de colores claros (y rocas con estos minerales), compuestos mayormente por cristales de feldespato y cuarzo.

fenocristal: un cristal grande dentro de un matriz de cristales más finos.

fondo de pasta: la matriz arcillosa que encierre los otros elementos (inclusiones orgánicas y minerales) de la pasta.

fotomicrografía: fotografía a partir de un microscopio.

grano: fragmento mineral.

granulometría: escala de tamaño de granos.

inclusión: en análisis de pasta cerámica, se refiere a cualquier grano o material no arcilloso que se encuentra en la pasta.

intemperismo: alteración de las rocas en la superficie de la tierra.

lámina delgada: un corte muy fino (0.03 mm - 30 micras) de espesor que deja pasar la luz de un microscopio y permite el análisis petrográfico y la identificación de los minerales.

leucocrático: en geología, es un índice de color que se utiliza para describir ciertas rocas de colores claros.

levigación: un proceso de separación de los materiales utilizando una corriente de agua que lleva las partículas más ligeras más lejos que las materiales más pesados.

macla: refiere al agrupamiento simétrico de cristales idénticos. Es un elemento característico de varios minerales, en particular las plagioclasas.

máfico: en geología, es un índice de color que se utiliza para describir ciertos minerales de colores oscuras y cierta composición química (con magnesio y hierro).

matriz: en análisis cerámica se refiere al fondo de pasta, al material arcilloso que encierra las inclusiones no plásticas. En geología, la matriz de una roca refiere a la masa de granos muy finos en la cual los cristales y litoclastos más grandes se encajan.

meteorización: modificación de la mineralogía, textura y/o química de los minerales por razones ambientales.

pasta: la mezcla quemada de material arcilloso y antiplásticos a partir de la cual se ha formado la vasija.

pasta fresca: En este manual, "fresca" refiere a un fragmento de cerámica del cual se ha desprendido un pequeño pedazo para poder observar la pasta sin contaminación de superficie.

petrografía: estudio de los minerales y de las rocas a partir de láminas delgadas con un microscopio de alto aumento, luz transmitida y polarizadores. La petrografía cerámica aplica esta técnica al estudio de los componentes (minerales u otros) y de la textura de una pasta. Sin embargo, la resolución del microscopio petrográfico no permite el análisis de minerales del tamaño de las arcillas.

plástico: maleable.

porosidad: medida de espacios o vacíos, o de volumen de huecos.

prismático: forma de un cristal, un polihedrón con dos caras poligonales paralelas y todas las caras planas.

sedimento (clástico, detrítico, etc.): resulta de la acumulación de fragmentos de cristales y litoclastos procedentes de la erosión de las rocas preexistentes que afloran en superficie. La destrucción se efectua in-situ y consiste en la desintegración y descomposición de los minerales y rocas. La meteorización o alteración de las rocas pueden ser de tres tipos: física, química y por la acción de los organismos.

clivaje: la dirección preferencial de ruptura en el arreglo de los planos cristalográficos de un mineral.

temperante: ver desgrasante. Material agregado por el alfarero a la base arcillosa.

textura: el aspecto de una pasta reuniendo un conjunto de elementos, tales como la distribución, el tamaño y el porcentaje de las inclusiones en la pasta, la proporción de arcilla vs. antiplásticos o temperante (si se puede distinguir el material agregado por el alfarero de las inclusiones naturales en la arcilla) y el aspecto del fondo de pasta.

textura:

- *afanítica*: índice de tamaño, textura cristalina de grano muy fino, que no se puede distinguir a simple vista.

- *afírica*: término en geología que significa sin fenocristales (cristales grandes).

- *blástica*: indica una textura de origen metamórfica.

- *fanerítica*: término geológico en referencia al tamaño de los cristales, que se pueden reconocer a simple vista o con ayuda de una lupa de mano.

- *holocristalina*: índice de cristalinidad, se utiliza para rocas compuestas por más de 90 % de cristales.

- *porfirítica*: textura bimodal, o sea con grandes cristales en una matriz de cristales mucho más finos.

tiesto molido: fragmento de cerámica molida agregada a la mezcla por el alfarero para servir de antiplástico.

REFERENCIAS

Arnold, D. E. 1985. *Ceramic theory and cultural process*. Cambridge University Press, Cambridge.

Arnold, D. E. 1994. Tecnología cerámica andina: una perspectiva etnoarqueológica. En *Tecnología y organización de la producción de cerámica prehispánica en los Andes,* I. Shimada (ed.), pp. 477-504. Fondo Editorial de la Pontificia Universidad Católica del Perú, Lima.

Castro Dorado, A. 1989. *Petrografía básica. Texturas, clasificación y nomenclatura de las rocas*. Paraninfo S.A., Madrid.

Chirif Rivera, L. H. 2010. *Microscopía Óptica de Minerales*. Boletín 1, Serie J. Tópicos de Geología. Ingemmet, Lima.

Cremonte, M. B. y Pereyra Domimgorena, L. 2013. *Atlas de pastas cerámicas arqueológicas. Petrografía de estilos alfareros del NOA*. Universidad Nacional de Jujuy, San Salvador de Jujuy, Argentina.

Cuadros, J., Afsin, B., Jadubansa, P., Ardakani, M., Ascaso, C. y J. Wierzchos. 2013. Pathways of volcanic glass alteration in laboratory experiments through inorganic and microbially-mediated processes. *Clay Minerals* 48: 423-445.

Druc, I. 1996. Entrevistas con ceramistas andinos: Inferencias para estudios de procedencias y caracterización cerámica. *Bulletin de l'Institut français d'études andines, 25*(1): 17-41.

Druc, I. 1998. *Ceramic production and distribution in the Chavín sphere of influence.* British Archaeological Reports, International Series 731, Oxford.

Druc, I. 2000. Ceramic production in San Marcos Acteopan, Puebla, Mexico. *Ancient Mesoamerica* 11: 77-89.

Druc, I. 2005. *Producción cerámica y etnoarqueología en Conchucos, Ancash, Perú.* Instituto Runa, Lima.

Druc, I. 2008. *Women potters of Sorkun, Turkey*. Documental, 12 min. Poiesis Creations. www.vimeo.com.

Druc, I. 2011. Tradiciones alfareras del valle de Cajamarca y cuenca alta del Jequetepeque, Perú. *Bulletin de l'Institut Francais d'Etudes Andines,* 40(2): 307-331.

Druc, I. 2012. *Atilio López, alfarero tradicional de la sierra argentina.* Documental,

18 min. Poiesis Creations. www.vimeo.com.

Druc, I., Burger, R. L., Zamojska, R., y P. Magny. 2001. Ancón and Garagay Ceramic Production at the Time of Chavín de Huántar. *Journal of Archaeological Science,* 28(1): 29-43.

Druc, I. y H. Gwyn. 1998. From clay to pots: A petrographic analysis of ceramic production in the Callejón de Huaylas, North-Central Andes, Peru. *Journal of Archaeological Science, 25*(7): 707-718.

Druc, I., Inokuchi, K. y Z. Shen. 2013. Análisis de arcillas y material comparativo para Kuntur Wasi, Cajamarca, Perú por medio de difracción de rayos X y petrografía. *Arqueología y Sociedad* 26: 91-110.

Elera A. C. 1998. The Puémape site and the Cupisnique culture: A case study on the origins and development of complex society in the Central Andes, Peru. Tesis de doctorado. Department of Archaeology, University of Calgary, Alberta.

Folk, R. L. 1965. *Petrology of sedimentary rocks.* The University of Texas, Austin.

Gleyzer, R. y A. Montes de Gonzales. 1965. *Ceramiqueros de Traslasierra.* Documental, 19 min. Escuela de Artes, Universidad Nacional de Córdoba, Argentina.

Ibarra Asencios, B. 2003. Arqueología del valle del Puchca. En *Arqueología de la Sierra de Ancash,* B. Ibarra Asencios (ed.), pp. 252-330. Instituto Cultural Runa, Lima.

Inokuchi, K. 2010. La arquitectura de Kuntur Wasi: secuencia constructiva y cronología de un centro ceremonial del Periodo Formativo. *Boletín de Arqueología, Pontificia Universidad Católica del Perú* (PUCP) 12: 219-248.

Livingood, P. C. y A. S. Cordell. 2009. Point/Counter Point: the Accuracy and Feasibility of Digital Image Techniques in the Analysis of Ceramic Thin Sections. *Journal of Archaeological Science* 36: 867-872.

Livingood, P. C. y A. S. Cordell. 2014. Point/Counter Point II: The Accuracy and Feasibility of Digital Image Techniques in the Analysis of Pottery Tempers Using Sherd Edges. En *Integrative Approaches in Ceramic Petrography,* M. Ownby, I. Druc y M. Masucci (eds) (pp. tba). University of Utah Press, Salt Lake City.

MacKenzie, W. S., Donaldson, C. H. y C. Guilford. 1991. *Atlas of igneous rocks and their textures*. Longman Scientific & Technical. John Wiley & Sons, New York.

Matson, F. R. 1970 [1963]. Some aspects of ceramic technology. En *Sciences in Archaeology*, D. Brothwell y E. Higgs (eds), pp. 592-601. Thames and Hudson, London.

Middleton, A. P., Leese, M. N., y M. R. Cowell. 1991. Computer-Assisted Approaches to the Grouping of Ceramic Fabrics. En *Recent Developments in Ceramic Petrology*, A. P. Middleton e I. C. Freestone (eds), pp. 265-267. British Museum Occasional Paper No. 81. British Museum Press, London.

Onuki, Y. y K. Inokuchi. 2011. *Gemelos Pristinos: el tesoro del templo de Kuntur Wasi*. Fondo editorial Congreso del Perú, Lima.

Onuki, Y., Kato, Y. y K. Inokuchi. 1995. La primera parte: Las excavaciones en Kuntur Wasi, la primera etapa, 1988-1990. En *Kuntur Wasi y Cerro Blanco*, Y. Onuki (ed.), pp. 1-126. Hokusen-Sha, Tokyo.

Reedy, C. L. 2006. Review of Digital Image Analysis of Petrographic Thin Sections in Conservation Research. *Journal of the American Institute for Conservation* 45(2): 127-146.

Rice, P. M. 1987. *Pottery analysis: A source book*. University of Chicago Press, Chicago.

Roduit, N. 2002-2008. JMicroVision v.1.2.7. www.jmicrovision.com.

Rosas La Noire, H. 2007. *La secuencia cultural del período formativo de Ancón*. 1. ed. Serie Tesis. Avqi Ediciones, Perú.

Rye, O. 1981. *Pottery Technology. Principles and Reconstruction*. Taraxacum, Washington.

Saunders, R. y J. Stoltman. 1999. A Multidimensional consideration of complicated stamped pottery production in Southern Louisiana. *Southeastern Archaeology* 18(1):1-23.

Schroeder, S. 2009. Viewing Jonathan Creek through ceramics and radiocarbon dates: Regional prominence in the thirteenth century. En *TVA Archaeology. Seventy-five Years of Prehistoric Site Research*, E. E. Pritchard con T. M. Ahlman (eds), pp. 145-180. The University of Tennessee Press, Knoxville.

Shepard, A. O. 1964. Temper identification: "Technological sherd-splitting" or an unanswered challenge. *American Antiquity* 29(4): 518-520.

Shepard, A. O. 1968 [1956]. *Ceramics for the archaeologist*. Carnegie Institution of Washington, Washington, D.C.

Sjömann, L. 1992. *Vasijas de barro. La cerámica popular en el Ecuador*. CIDAP Centro Interamericano de Artesanías y Artes Populares, Cuenca.

Stoltman, J. 2014. The Use of Loess in Pottery Manufacture: A Comparative Analysis of Pottery from Yinxu in North China and LBK Sites in Belgium. En *Integrative Approaches in Ceramic Petrography*, M. Ownby, I. Druc y M. Masucci (eds), (pp. tba). University of Utah Press, Salt Lake City.

Stoltman, J., Zhichun J., Jigen T., y G. (Rip) Rapp. 2009. Ceramic Production in Shang Societies of Anyang. *Asian Perspectives* 48(1): 182-203.

Strienstra, P. 1986. Systematic macroscopic description of the texture and composition of ancient pottery. Some basic methods. University of Leiden, Department of pottery technology. *Newsletter* 4: 29-48.

Tonoike, Y. 2013. Beyond Style: Petrographic Analysis of Dalma Ceramics from Two Regions in Iran. En *Interpreting the Late Neolithic in Upper Mesopotamia* (Publications on Archaeology of the Leiden Museum of Archaeology), P.M.M.G. Akkermans, O. Nieuwenhuys, y R. Bernbeck (eds), pp. 397-406. Brepols Publisher, Belgium.

Tonoike, Y. 2014. Using Petrographic Analysis to Study the 6th Millennium B.C. Dalma Ceramics from Northwestern and Central Zagros. *Iranian Journal of Archaeological Studies* (pp. tba).

Velde, B., e I. Druc. 1999. *Archaeological Ceramic Materials. Origin and Utilization.* Springer-Verlag, Berlin, Germany, New York.

Weigand, P. C., Harbottle, G., y E. V. Sayre. 1977. Turquoise sources and source analysis: Mesoamerica and the Southwestern U.S.A. En *Exchange Systems in Prehistory,* T. K. Earle y J. E. Ericson (eds), pp. 15-34. Academic Press, New York.

Willey, G. R. y J. M. Corbett. 1954. *Early Ancón and Early Supe culture, Chavín horizon sites of the Central Peruvian coast.* Columbia studies in archeology and ethnology, Columbia University Press, New York.

Winter, J. D. 2010 (2nd ed). *An introduction to igneous and metamorphic petrology.* Prentice Hall, New York.

Whitbread, I. K. 1986. The characterisation of argillaceous inclusions in ceramic thin sections. *Archaeometry* 28(1): 79-88.

Whitbread, I. K. 1991. Image and data processing in ceramic petrology. En *Recent developments in ceramic petrology*, A. Middleton y I. Freestone (eds), pp. 369-86. British Museum Occasional Paper No. 81, London.

Yinxu Xiaomintun Archaeological Team. 2009. 2003-2004 Excavation of Shang tombs at Xiaomintun in Anyang City, Henan. *Chinese Archaeology* 9(1): 90-98.

Biografías

Dr. Isabelle C. Druc del Departamento de Antropología de la Universidad de Wisconsin-Madison hizo su tesis de doctorado en arqueología en la Universidad de Montreal (Canadá), después de terminar sus estudios iniciales en Suiza. Es especializada en análisis de cerámica, arqueología andina, etnoarqueología y producción de documentales etnográficos sobre el arte tradicional. Hizo sus estudios post-doctorales en la Universidad de Yale (EE. UU.) y estuvo de investigadora visitante en el CNRS y el INRP en Francia, y en el Smithsonian en Washington D.C. Recibió dos premios de excelencia de la Universidad de Montreal y ganó el premio Plantamour-Prévost de ciencias de la Universidad de Ginebra en 1989. Fue investigadora asociada en el Centro de Investigación en Educación de Wisconsin (WCER). Trabaja en los Andes desde 1993 y ha participado en trabajos de campo en varios países de Europa, el Medio Oriente y las Amricas. Ha publicado más de 20 artículos y 6 libros, y producido más de 200 documentales video sobre cultura e idiomas.

Lisenia Chavez es ingeniera geóloga, egresada de la Universidad Nacional Mayor de San Marcos (UNMSM) en Lima, Perú. Tiene experiencia de trabajo en el Instituto Geológico Minero y Metalúrgico (INGEMMET) de Perú, y en el área de Geología Regional realizando trabajos relacionados al cartografiado geológico, geoquímica, petrología y petrografía de rocas ígneas, sedimentarias y metamórficas, y elaboración de mapas geológicos integrados en base SIG. Hizo trabajos de investigación relacionados a la geología, geoquímica, petrografía y geoestadística y trabajos en geología de minas.

YOU MIGHT WANT TO READ:

SIGNS AND SYMBOLS IN EDUCATION

François Victor Tochon, Ph.D.

University of Wisconsin-Madison, USA

In this monograph on Educational Semiotics, Francois Tochon (along with a number of research colleagues) has produced a work that is truly groundbreaking on a number of fronts. First of all, in his concise but brilliant introductory comments, Tochon clearly debunks the potential notion that semiotics might provide yet another methodological tool in the toolkit of educational researchers. Drawing skillfully on the work of Peirce, Deely, Sebeok, Merrell, and others, Tochon shows us just how fundamentally different semiotic research can be when compared to the modes and techniques that have dominated educational research for many decades. That is, he points out how semiotic methods can provide the capability for both students and researchers to look at this basic and fundamental human process in inescapably transformational ways, by acknowledging and accepting that the path to knowledge is, in his words "through the fixation of belief."

But he does not stop there – instead, in four brilliantly conceived studies, he shows us how semiotic concepts in general, and semiotic mapping in particular, can allow both student teachers and researchers alike insights in these students' development of insights and concepts into the very heart of the teaching and learning process. By tackling both theoretical and practical research considerations, Tochon has provided the rest of us the beginnings of a blueprint that, if adopted, can push educational research out of (in the words of Deely) its entrenchment in the Age of Ideas into the new and exciting frontiers of the Age of Signs.

Gary Shank
Duquesne University

SEE REVIEWS HERE: http://www.deepuniversity.com/book1. html

Book Series on Deep Research Methodologies

Research methodologies need to be reconceptualized in two ways: first, as the expression of dynamic interpretive prototypes that can be activated through deep forms of inquiry that go beyond the surface level at which meanings are essentialized and reified. Second, integrating emergent technologies, structure and agency to meet deeper, humane aims. The dynamism of human interpretation is meaning-producing through multiple connected intentions among disciplinary domains.

By tackling both theoretical and practical research considerations, this book series provides the readers a blueprint that can push research into the new and exciting frontiers of the Age of Signs (in the words of Gary Shank). Taking into account adaptive and complex situations is the prime focus of such a hermeneutic inquiry.

The intent of this book series is to propose instruments to analyze beyond the surface of the matter in favor of value-loaded investigations chosen in order to revolutionize the current state of affairs, in increasing our sense of responsibility for our actions as humans vis-à-vis our fellow humans and our home planet.

For more, see here:

http://deepuniversity.com/ universitypress/bookseries.html

Guide to Authors

What our Publishing Team can offer:

- An international editorial team, in more than 20 universities around the world.
- Dedicated and experienced topic editors who will review and provide feedback on your initial proposal.
- A specific format that will speed up the production of your book and its publication.
- Higher royalties than most publishers and a discount on batch orders of 25+ copies.
- Global distribution and marketing through Amazon in the U.S., UK, Australia, and other countries.
- Fast recognition of your work in your area of specialization.
- Quality design and affordable sales pricing. Using the latest technology, our books are produced efficiently, quickly and attractively.
- A global marketing plan, including electronic and web marketing and review mailing.
- Book Series: Deep Education; Deep Language Learning; Signs & Symbols in Education; Language Education Policy; Deep Professional Development; Deep Activism.

http://www.deepuniversitypress.com/universitypress.html

- **Contact : publisher@deepuniversity.net**

Correspondencia para este manual:

Isabelle C. Druc, Department of Anthropology, 5240 Social Science, 1180 Observatory Dr., University of Wisconsin–Madison, Madison, Wisconsin 53706 USA. E-mail: icdruc@wisc.edu

Milton Keynes UK
Ingram Content Group UK Ltd.
UKHW051312041024
2014UKWH00036B/325